iCourse·教材
国家精品在线开放课程配套教材

高等职业教育机械类
新形态一体化教材

工程力学

主　编｜张长英

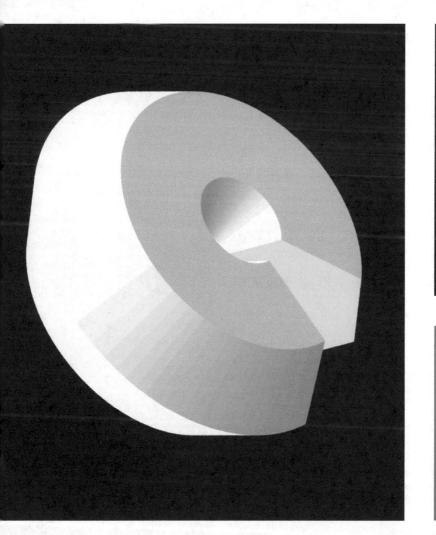

高等教育出版社·北京

内容提要

　　力学作为工程技术学科的重要理论基础,是沟通自然科学基础理论与工程实践的桥梁。工程力学是将力学原理应用于工程实际的学科,主要包括"静力学"和"材料力学"两部分内容。本课程是高职土建类(建筑工程技术、工程造价、道路桥梁及轨道交通工程等专业方向)、机械类(机械设计与制造、机械制造与自动化、模具设计与制造和汽车制造与装配技术等专业方向)和近机类(机电一体化技术、电气自动化技术、数控设备应用与维护和汽车检测与维修技术等专业方向)专业必修的专业基础课程之一,在专业教学体系中,承上启下,既直接服务于工程实际,又为后续的专业课程奠定基础。

　　本书是在总结国家示范性高等职业院校重点专业的建设经验的基础上,依据国家精品在线开放课程的应用与管理意见,制订相关专业基础课程的教学标准和课程规划,按照"静力学基础→平面力系→静力学专题→杆件的内力分析→应力及变形分析→强度理论和组合变形→压杆稳定→材料力学专题"的主线,构建知识和能力体系,为读者提供必要的力学基础和培养工程实践中的力学意识。

　　本书为国家精品在线开放课程"工程力学"(中国大学 MOOC)配套教材。本书适用于高等职业院校土建类、机械类及近机类相关专业,也可供相关工程技术人员使用或参考。

　　授课教师如需本书配套的教学课件资源,可发邮件至邮箱gzjx@ pub.hep.cn索取。

图书在版编目（CIP）数据

　　工程力学 / 张长英主编. --北京：高等教育出版社,2021.4
　　ISBN 978 - 7 - 04 - 055441 - 0

　　Ⅰ.①工… Ⅱ.①张… Ⅲ.①工程力学-高等职业教育-教材 Ⅳ.①TB12

　　中国版本图书馆 CIP 数据核字（2021）第 026114 号

工程力学
GONGCHENG LIXUE

| 策划编辑 | 张　璋 | 责任编辑 | 张　璋 | 封面设计 | 张志奇 | 版式设计 | 张　杰 |
| 插图绘制 | 于　博 | 责任校对 | 陈　杨 | 责任印制 | 存　怡 | | |

出版发行	高等教育出版社	网　　址	http://www.hep.edu.cn
社　　址	北京市西城区德外大街 4 号		http://www.hep.com.cn
邮政编码	100120	网上订购	http://www.hepmall.com.cn
印　　刷	北京利丰雅高长城印刷有限公司		http://www.hepmall.com
开　　本	787mm×1092mm　1/16		http://www.hepmall.cn
印　　张	11.75		
字　　数	210 千字	版　　次	2021 年 4 月第 1 版
购书热线	010 - 58581118	印　　次	2021 年 4 月第 1 次印刷
咨询电话	400 - 810 - 0598	定　　价	36.00 元

本书如有缺页、倒页、脱页等质量问题,请到所购图书销售部门联系调换
版权所有　侵权必究
物 料 号　55441 - 00

配套资源索引

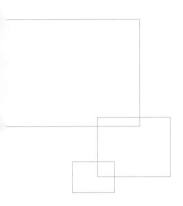

前　　言

本书编者遵循精品和实用的原则,充分运用现代教育技术,以提高教学效果和人才培养质量为目标,有计划、分阶段、分层次地开展建设工作,构建"教学目标明确、教学理念先进、学生技能一流"的课程教学体系,开发基于工作过程的教材。本教材具备以下几点特色和创新:

(1)内容实用,案例新颖。结合当前工程技术的最新发展成就,增加了实用和新颖的工程案例分析,使学习者学有所成、学以致用。此外,还精选了近十年江苏省大学生力学竞赛的部分真题,供学有余力者进行自我测试和提高。

(2)价值引领,突出思政。深入挖掘各个知识点和技能点中蕴涵的思政元素,在知识传授和能力培养中强调价值引领,在价值传播中凝聚知识底蕴。在数字化资源的制作中,通过生动鲜活的事例,将爱国主义、理想信念、公民人格、中华优秀传统文化、工程伦理、科学精神等内容融入专业知识点中,实现全程育人、全方位育人。

(3)技术融合,形态创新。融合互联网新技术,结合教学方法改革,创新教材形态。充分发挥纸质教材体系完整、数字化资源呈现多样和个性化学习的特点,运用二维码等网络技术,将新形态一体化教材、国家职业教育专业教学资源库与国家精品在线开放课程三者融合在一起,以利于实施线上与线下相结合的混合式教学。

本书由南京工业职业技术大学张长英教授任主编,南京工业职业技术大学龚晓群副教授和扬州工业职业技术学院崔海军副教授任副主编。编写分工为:南京工业职业技术大学张长英和龚晓群合作编写绪论和第1、3、8章;陕西工业职业技术学院陈海霞编写第2章;扬州工业职业技术学院房忠洁、崔海军和张文娟分别编写第4、5、6章;金肯职业技术学院王凤波编写第7章。此外,张长英还负责编写所有章节的工程案例、思考题、习题和竞赛题。

　　鉴于编者水平有限，书中难免有疏漏和欠妥之处，恳请同行和读者批评指正，以便在重印或再版时不断完善和提高。

编者

2020 年 3 月

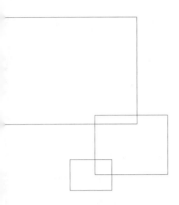

目　录

绪　　论

学习目标

了解力学在工程上的应用,掌握工程力学研究的内容及对象,理解工程构件概念及其基本形式,从强度、刚度和稳定性等方面理解工程构件的主要失效形式。

单元概述

工程力学是将力学原理应用于工程实际的学科,主要包括静力学和材料力学。杆件在载荷作用下能正常工作时,应满足的要求包括必要的强度、刚度和稳定性。

0.1　力学在工程上的应用

工程力学通常与建筑结构密切相关,如图 0-1a 所示为始建于隋代的赵州桥,长 64.4 m,跨径 37.02 m,共使用石材 2800 t,充分运用了石料抗压缩、强度好的特性。如图 0-1b 所示为中国古代建筑的穿斗式构架,具有柱、梁、檩、椽的木结构:承受建筑重量的直立杆件称为"柱",水平的大木叫作"梁",与梁正交、两端搭在柱上的叫作"檩",与檩成正交的木条叫作"椽",椽的上面辅的是竹篾和瓦。中国古代建筑的特点是:高度低、跨度小、承载能力弱,材料多为砖石和木材。

如图 0-2 所示分别为上海的浦东开发区和港珠澳大桥,中国现代建筑的特点是:高度高、跨度大、承载能力强,材料多为钢筋混凝土和钢材。

微视频

力学在工程上的应用

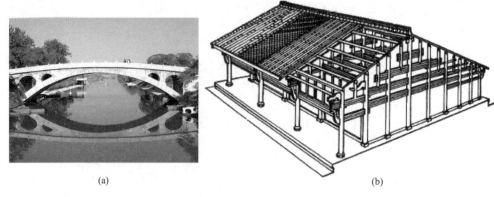

(a)　　　　　　　　　　　　　　　　　　(b)

图 0-1　中国古代建筑结构

图 0-2　中国现代建筑结构

微视频

汽车碰撞
试验

随着汽车数量的增加和行驶速度的不断提高,行车安全越来越重要,统计分析显示:在所有的汽车事故当中,与碰撞有关的事故占 90% 以上。汽车碰撞是不可避免的,那么如何减少碰撞时对司乘人员的伤害呢?世界各国都在研究和制定汽车碰撞实验标准,通过相关的汽车碰撞实验,可以获取对不同结构的缓冲和吸收能量这一特性的认识,开展车身结构抗撞性和碰撞生物力学的研究。

2012 年 11 月 23 日,歼-15 舰载战斗机在辽宁号航空母舰上完成舰上滑跃起飞(图 0-3),这里面包含的力学问题是:若已知飞机的初始速度和跑道长度,此时需要发动机和弹射器施加多大的推力,才能使其达到飞离甲板时所需要的速度。诸如此类的问题都属于工程力学的范畴。

微视频

歼 - 15 舰
载 战 斗 机
从 辽 宁 号
航 空 母 舰
上 完 成 舰
上 滑 跃
起飞

图 0-3　歼-15 舰载战斗机在辽宁号航空母舰上完成舰上滑跃起飞

0.2 研究内容及对象

力学是研究物体机械运动规律的学科,它阐述的规律带有普遍性,是一门基础学科;它直接服务于工程,因此又是一门技术学科。力学是技术工程学科的重要理论基础,是沟通自然科学基础理论与工程实践的桥梁。

工程力学是将力学原理应用于工程实际的学科,包括理论力学和材料力学。理论力学主要研究质点系机械运动的一般规律,包括:静力学、运动学和动力学;材料力学主要研究杆件的强度、刚度和稳定性。本书只涉及静力学和材料力学的主要部分。

静力学揭示了物体在力系作用下处于平衡的规律,不涉及物体的运动,其力学模型为刚体,刚体是指在力的作用下不产生变形的物体;材料力学是研究构件在外力作用下的变形、受力及破坏规律的学科,其力学模型为变形体。

微视频
基本概念

0.3 基本概念

工程构件是组成结构物体和机械的最基本的部件,泛指结构元件、机器的零件和部件等。工程构件各式各样(图 0-4),根据几何形状和尺寸,可以大致分为四类:若构件在某一方向的尺寸比其余两个方向的尺寸大得多,则称为杆,杆包括梁、柱和工程上用的轴;若构件在某一方向的尺寸比其余两个方向的尺寸小得多,为平面者称为板、为曲面者称为壳;若构件在三个方向上具有同一量级的尺寸,则称为块,本书以直杆作为研究对象。

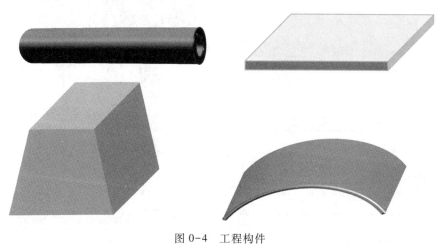

图 0-4 工程构件

失效是指工程构件在外力作用下丧失正常功能的现象,在工程力学范畴内的失效通常可分为:强度失效、刚度失效和稳定失效。

强度失效指构件在外力作用下发生不可恢复的塑性变形或发生断裂,如图0-5所示的重庆綦江彩虹桥,始建于1994年11月,竣工于1996年2月,垮塌于1999年1月4日,建设工期为1年零100余天,而使用寿命仅不到3年。事后分析得到的坍塌原因主要有两点:一是主要受力拱架的钢管焊接质量不合格,个别焊缝具有陈旧性裂痕;二是钢管内的混凝土抗压强度不足,低于设计强度的三分之一。

图0-5 重庆綦江彩虹桥断裂前后对比

刚度失效是指构件在外力作用下产生过量的弹性变形,如图0-6所示的杆件,在未受载荷作用时,它保持平直;在载荷作用下,它发生弯曲;当载荷去除后,它又恢复到原始的平直状态,这就是弹性变形。那么过量的弹性变形又会怎样呢?

如图0-7所示的台钻,钻孔前台钻的头架、导柱和工作台都保持直线状态;

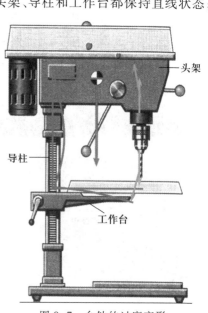

头架

导柱

工作台

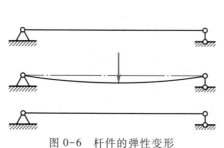

图0-6 杆件的弹性变形

图0-7 台钻的过度变形

在钻孔操作时,由于钻头与工件之间产生的相互作用力,使得这三者同时发生弹性弯曲。若作用力过大,产生过度的弹性变形,就无法保证所加工孔的位置精度,这就是刚度失效。

稳定失效指构件在某种外力(如轴向压力)作用下,其平衡形式发生突然转变。如图 0-8a 所示的细长压杆在力作用下处于直线形状的平衡状态,受外界(水平力 F_Q)干扰后,杆经过若干次摆动,仍能回到原来的直线形状平衡状态,杆原来的直线形状的平衡状态称为稳定平衡。若受外界干扰后,杆不能恢复到原来的直线形状而在弯曲形状下保持新的平衡(图 0-8b),则杆原来的直线形状的平衡状态是不稳定的,称为非稳定平衡。在扰动作用下,直线平衡状态转变为弯曲平衡状态,扰动除去后,不能恢复到直线平衡状态的现象,称为失稳。

微视频
稳定平衡

微视频
非 稳 定
平衡

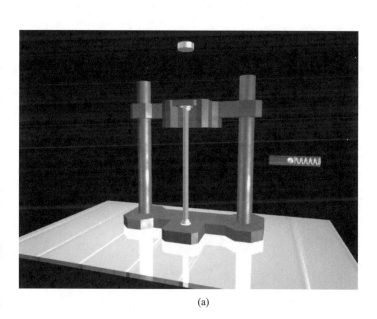

(a)

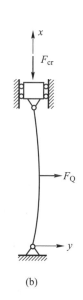

(b)

图 0-8　稳定平衡与非稳定平衡

根据上述分析,杆件在载荷作用下正常工作应满足的要求包括:

(1) 构件必须具有足够的强度——所谓强度是指构件受力后未发生断裂或不产生不可恢复的变形的能力。

(2) 构件必须具有足够的刚度——所谓刚度是指构件受力后未发生超过工程允许的弹性变形的能力。

(3) 构件必须具有足够稳定性——所谓稳定性是指构件在压缩载荷的作用下,保持平衡状态而未发生突然转变的能力。

思考题

1. 什么是工程力学？它的研究内容及对象包括哪些？
2. 什么是失效？工程构件的失效形式有哪些,各有何特点?
3. 试举例说明,如何区分压杆的稳定平衡与非稳定平衡。

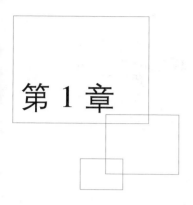

第 1 章

静力学基础

学习目标

　　掌握力、力系等基本概念和静力学公理,理解约束及约束力的特点,具有能对刚体进行基本受力分析的能力。

单元概述

　　静力学主要研究物体在力系作用下处于平衡的规律,不涉及物体的运动,其力学模型为刚体。本章的重点包括力与力系、平衡和刚体的概念,静力学公理及推论,约束与约束力,以及物体的受力分析及受力图的绘制。

1.1　静力学的基本概念

微视频
基本概念
及公理

1.1.1　力的概念

　　力是物体间相互的机械作用,这种作用使物体的运动状态或形状发生改变。物体运动状态的改变是力的外效应,物体形状的改变是力的内效应。静力学主要研究的是力的外效应,而材料力学则主要研究的是力的内效应。如图1-1所示,球被踢后,由静止状态变为运动状态,此为受力后运动状态的改变,是力的外效应;弹簧被压缩后产生变形,此为形状发生改变,是力的内效应。

球被踢后，由静止
状态变为运动状态

图 1-1　力的外效应和内效应

力是矢量，力对物体的作用效应取决于三个要素，即力的大小、方向和作用点。这三个要素中，有任何一个要素改变时，力的作用效果就会改变。按照国际单位制规定，力的单位为 N（牛顿）或 kN（千牛顿）。

如图 1-2 所示，力可以用一个具有方向的线段表示。线段的起点 A 或终点 B 表示力的作用点；线段的长度（按一定的比例尺）表示力的大小，通过力的作用点沿力的方向的直线，称为力的作用线；箭头的指向表示力的方向；力的矢量在本书中用黑体字母表示，例如：F、F_P、F_S 等；并以同一非黑体字母 F、F_P、F_S 等代表力的大小；手写时可通过在字母上画一箭头表示矢量。

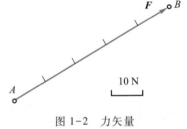

图 1-2　力矢量

10 N

作用在物体上的一组力称为力系，对物体作用效果相同的力系称为等效力系。在不改变力系对物体作用效果的前提下，可以用一个简单的力系代替复杂的力系，这一过程称为力系的简化。特殊情况下，若一个力与一个力系等效，则该力称为力系的合力，而力系中各力称为合力的分力。

1.1.2　平衡的概念

平衡是指物体相对于惯性参考系处于静止或做匀速直线运动状态。对于一般工程问题，可以把固结在地球上的参考系作为惯性参考系来研究相对于地球的平衡问题。例如，机床的床身、在直线轨道上匀速运动的火车等。使物体保持平衡的力系称为平衡力系，平衡力系所应满足的条件称为力系的平衡条件。

静力学研究的是物体在力系作用下的平衡规律。

1.1.3　静力学模型

（1）刚体。模型是指对实际物体和实际问题进行合理的抽象与简化，在大多数情况下,物体的变形对研究的物体平衡问题来说,影响极微,可忽略不计,而近似认为这些物体在受力状态下是不变形的。这种假想的代替真实物体的力学模型称为刚体,静力学是研究刚体在力系作用下平衡的规律,所以又称刚体静力学。

(2)集中力和分布力。当接触面面积很小时,可以将微小面积抽象为一个点,将受力合理抽象简化为作用于一点的集中力;当接触面面积较大不能忽略时,则力在整个作用面上分布作用,将受力合理抽象简化为分布力,如图1-3所示。当力均匀地分布在某一线段上时,称为线均布载荷;当力均匀地分布在某一面上时,称为面均布载荷;当力均匀地分布在某一体积上时,称为体均布载荷。对均布载荷的强弱程度,通常用 q 来表示,称为载荷集度,单位为 N/m(或 N/m^2、N/m^3)或 kN/m(或 kN/m^2、kN/m^3)。载荷集度为 q 的均布载荷,可以证明其合力的大小等于载荷集度与其分布区域的乘积,即 $F_q = ql$(或 $F_q = qA$、$F_q = qV$),合力的作用线过分布区域的几何中心,方向与均布载荷相同。

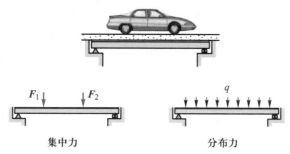

图 1-3　集中力和分布力

静力学在机械工程中有着广泛的应用,例如在设计平衡的机械零部件时,首先要分析其受力,再应用平衡条件求出未知力,最后研究机械零部件的承载力。因此,静力学是机械工程力学的基础。

1.2　静力学公理及其推论

静力学公理是经过人类长期观察和实践,根据大量的事实,概括和总结得到的最基本的规律,它正确反映了作用于物体上力的基本性质,已被人们所公认。静力学的全部理论就是在下述四个公理的基础上建立起来的。

1.2.1　静力学公理

公理一　二力平衡公理(二力平衡条件)

作用于刚体上的两个力,使刚体处于平衡的必要和充分条件是:这两个力大小相等、方向相反、且作用在同一直线上,如图1-4所示。

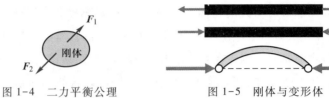

图 1-4　二力平衡公理　　　　　　　图 1-5　刚体与变形体

　　对于变形体来说,二力平衡公理只是必要条件,但不是充分条件。例如绳索的两端受到等值、反向、共线的两个拉力时可以平衡,但受到等值、反向、共线的两个压力作用就不能平衡,如图 1-5 所示。

　　在两个力作用下处于平衡状态的物体称为二力体,通常将受两个力作用而处于平衡的构件称为二力构件,工程上有些构件可以不计自重。

　　二力构件的判断方法:(1) 构件上只有两个约束,而且每个约束的约束力的方向一般都是不确定的。(2) 除了受到两个约束以外,不受到其他力的作用。如图 1-6 所示的结构中,BC 杆虽然不是直杆,但属于二力构件。欲判断杆件受拉还是受压,可假想将杆件截断(或抽掉),如两点靠拢,则杆件受压;若两点相离,则杆件受拉。

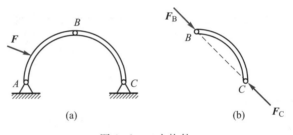

(a)　　　　　　　　　　　　　(b)

图 1-6　二力构件

公理二　加减平衡力系公理

　　在力系作用的刚体上,加上或减去任何平衡力系,不会改变原力系对刚体的外效应。加上或减去平衡力系后所得到的新力系与原力系互为等效力系,如图 1-7 所示。

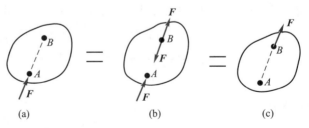

(a)　　　　　　　　(b)　　　　　　　　(c)

图 1-7　加减平衡力系

　　公理二只适用于刚体,因为平衡力系对刚体的运动状态改变没有影响。如果考虑到物体的变形,加上或减去一个平衡力系时,将使物体的变形情况发生改变。

公理三 力的平行四边形法则

作用在物体上某一点的两个力,可以合成为一个合力,合力的作用点也在该点,合力的大小及方向由这两个力为邻边所构成的平行四边形的对角线来表示。

如图 1-8a 所示,根据这个公理做出的平行四边形,称为力的平行四边形。这种求合力的方法称为矢量加法,合力矢量等于原来两个力的矢量和,即:

$$F_R = F_1 + F_2$$

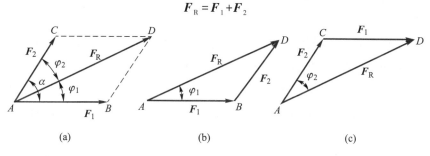

图 1-8 力的平行四边形

运用平行四边形法则求合力时,可以不画出整个力的平行四边形,如图 1-8b 所示,只要以力矢 F_1 的终点为力矢 F_2 的起点画出力矢 F_2(即分力首尾相接),则 AD 矢量就是合力 F_R。$\triangle ABD$ 称为力三角形,这种求合力的方法称为力三角形法。如果先画 F_2,后画 F_1,也能得到相同的合力 F_R,如图 1-8c 所示。可见画分力的先后次序,并不影响合力 F_R 的大小及方向。

公理四 作用与反作用公理

两物体间相互作用的力,总是同时存在,这两个力大小相等、方向相反、沿同一直线,分别作用在两个物体上。

如图 1-9 所示,以吊灯为例,灯对绳的作用力和绳对灯的拉力,这两个力是等值、反向、共线,但分别作用在绳和灯上的。

这说明力永远是成对出现的,物体间的作用总是相互的,有作用力就有反作用力,两者总是同时存在,又同时消失。

图 1-9 吊灯的受力分析

1.2.2　重要推论

推论一　力的可传性

作用于刚体上某点的力,只要保持力的大小和方向不变,可以沿力的作用线在刚体内任意移动,不会改变该力对刚体的外效应,这一性质称为力的可传性,如图 1-7a、c 所示。

由力的可传性可以看出:对于刚体而言,力的三要素中力的作用点可由力的作用线代替,因此,作用于刚体上的力的三要素为:力的大小、方向和作用线的位置。

但是在研究力对物体的内效应时,力是不能沿其作用线移动的。如图 1-10 所示的可变形直杆,沿杆的轴线在两端施加大小相等、方向相反的一对力 F_1 和 F_2 时,杆将产生拉伸变形。如果将力 F_1 沿其作用线移至 B 点,将力 F_2 沿其作用线移至 A 点,杆将产生压缩变形。因此,力的可传性对变形体是不成立的,只适用于刚体。

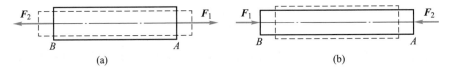

(a)　　　　　　　　　　　　　(b)

图 1-10　可变形直杆

推论二　三力平衡汇交定理

如图 1-11 所示,设在同一平面内有三个互不平行的力 F_1、F_2 和 F_3 分别作用于刚体上 A、B、C 三点并保持平衡。根据力的可传性,可将力 F_1 和 F_2 沿其作用线移动到它们的交点 O,根据力的平行四边形法则,此二力可合成为一合力 F_{R12},$F_{R12} = F_1 + F_2$,再根据公理,可知 F_{R12} 和 F_3 必共线、等值、反向。所以,力 F_3 的作用线也必通过 F_1 和 F_2 的交点 O,即此三个力的作用线汇交于一点。

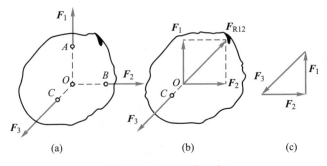

(a)　　　　　　　　　　(b)　　　　　　　　(c)

图 1-11　三力平衡汇交

所以,刚体受在同一平面且互不平行的三个力作用而平衡时,这三个力的作用线必汇交于一点。

1.3 约束和约束力

1.3.1 基本概念

（1）自由体。物体在空间沿任何方向的运动都不受限制,这种物体称为自由体,例如飞行的飞机、炮弹等。

（2）非自由体。物体的运动受到其他物体的限制,导致其在某些方向的运动成为不可能,则这种运动受到限制的物体称为非自由体,例如火车、汽车等。

（3）约束。限制非自由体运动的物体称为非自由体的约束,如铁轨是火车的约束、地面是汽车的约束等。

（4）主动力。在物体所受的力中,有一类是使物体产生运动或运动趋势的力,称为主动力,例如重力、切削力和电磁力等。

（5）约束力。另一类则是约束对物体的作用力,它是限制物体某种可能运动的力,称为约束作用力,简称约束力。

约束力总是作用在被约束物体与约束物体的接触处,其方向总是与该约束所限制的运动或运动趋势方向相反,据此即可确定约束力的位置及方向。

1.3.2 工程中常见的约束类型

1. 柔性约束

柔软且不可伸长的绳子、带、链条等柔索类约束,称为柔性约束。由于柔性约束对物体的约束力只可能是拉力,故其作用点必在约束与被约束物体相互接触处,方向沿约束的中心线且背离被约束的物体。这类约束的约束力常用 F_T 来表示。

如图 1-12 所示吊运中的钢梁,无论绳索捆绑在钢梁底部何处,作用在钢梁和吊钩上的柔性约束力,总是沿着绳索中心线的拉力。

如图 1-13 所示的带传动,无论轮子的转向如何,每个带轮两边总是受到带的拉力,其作用点在带与轮缘的相切点。

2. 光滑面约束

当物体与约束的接触面之间摩擦很小、可以忽略不计时,则认为接触面是光滑的,这种光滑的平面或曲面对物体的约束,称为光滑面约束。光滑面约束只能限制物体沿接触点公法线且指向约束物体的运动,对于物体沿接触面切线

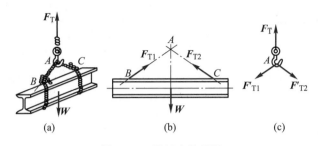

图 1-12　吊运中的钢梁

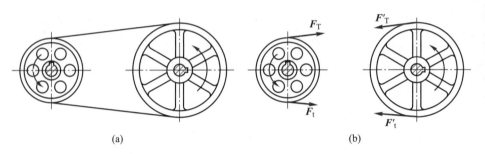

图 1-13　带传动

方向的运动却不能限制,故约束力必过接触点,沿接触面法向指向被约束物体。这类约束的约束力常用 F_N 来表示,如图 1-14 所示。

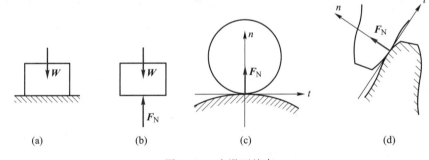

图 1-14　光滑面约束

3. 铰链约束

如图 1-15 所示,该结构是用一个圆柱销将两个构件联接在一起的,即构成圆柱铰链,简称铰链。物体在这种约束下,彼此间只能绕圆柱销的轴线相对转动,但不能发生任何方向的移动。因此,约束力一定沿接触点处的公法线方向,其作用线必通过圆孔中心。一般情况下,由于接触点的位置与构件所受的载荷有关,所以约束力的方向是未知的。为计算方便,通常用经过圆孔中心的两个正交分力 F_x、F_y 表示。

如图 1-16 所示,若铰链所连接的两个构件中有一个是固定的,则称为固定铰链;若均未固定,则称为中间铰链,如图 1-17 所示。固定铰链及中间铰链的

约束力方向,如属于下列情况,约束力的方向是可以确定的:

(1)铰链所联接的构件中,有一个是二力构件。

(2)铰链所联接的构件中,受一组平行力系作用,则铰链的约束力必与该力系平行。

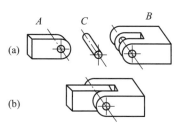

图 1-15　圆柱铰链约束

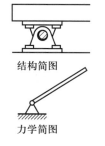
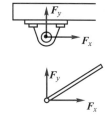

图 1-16　固定铰链约束

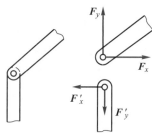

图 1-17　中间铰链约束

如图 1-18 所示,如果在铰链支座与支承面之间安装有辊轴,这种约束称为活动铰链约束,只能限制构件沿支承面法线方向的运动。故活动铰链约束力的方向必垂直于支承面,且作用线通过铰链中心。

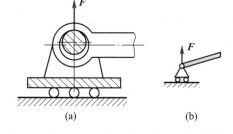

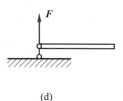

(a)　　　　　(b)　　　　(c)　　　　　(d)

图 1-18　活动铰链约束

4. 固定端约束

类似图 1-19 所示阳台的结构,构件焊接或铆接在固定的机架上或基础上,其固定端既不能移动,也不能转动。在平面问题中,它的约束力可用两个互相垂直的分力 F_x、F_y 和一个阻止转动的约束力偶矩 M 来表示,方向均为假设。

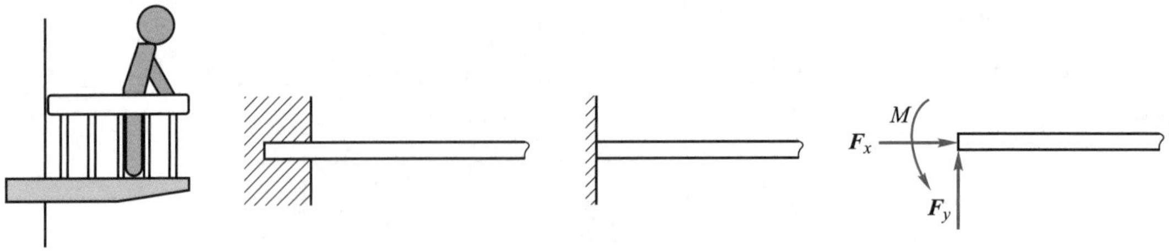

图 1-19　固定端约束

1.4　受力分析和受力图

　　求解静力学问题时,首先需要弄清物体受到哪些力的作用,分析每个力作用线的位置和方向,这一过程称为物体的受力分析。

　　进行受力分析时,根据求解问题的需要,应选定某一个或几个物体作为研究对象,并首先将这些研究对象从与周围联系的物体(约束)中分离出来,单独画出其简图,这一过程叫作取分离体。在分离体上画出作用在其上的全部主动力和约束力,从而形象地表达出研究对象受力情况的全貌,这种图形称为受力图。

　　对物体进行受力分析,画受力图的步骤和要点如下:

　　(1) 根据题意,确定研究对象。

　　(2) 画研究对象的分离体,分离体的形状和方位应与原来的物体保持一致。

　　(3) 在研究对象的分离体的相应位置逐一画出全部的主动力。

　　(4) 在研究对象的分离体解除约束的地方,逐一画出约束力。约束力的方向或分量,必须根据约束的类型及性质来画,而不应凭主观想象多画或漏画。

　　(5) 画整个物体系统的受力图时,物体系统内部的相互作用力(或内力)不必画出。

　　(6) 画物体系统中某个物体的受力图时,应注意作用力和反作用力的关系。

　　(7) 同一约束力,在整体或部分受力图中指向必须一致。

　　(8) 要正确判断二力构件,二力构件的受力必沿两力作用点的连线。

　　下面举例说明物体受力分析的过程和受力图的画法。

　　【例 1-1】　连杆增力机构如图 1-20a 所示,在滑块 A 上作用 F 力使工件夹紧,夹紧力为 F_Q,杆 AB 与水平方向夹角 $\alpha=10°$,不计 AB 杆及滑块自重,试画出滑块 A、滑块 B 的受力图。

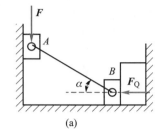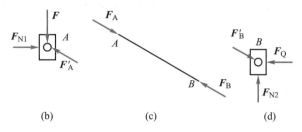

图 1-20 【例 1-1】附图

解:(1)首先分析杆 AB 的受力情况。由于杆 AB 自重不计,且只在 A、B 两点受到铰链约束,因此杆 AB 为二力构件。在铰链中心 A、B 处分别受 F_A、F_B 两力的作用,两力大小相等,方向相反(图 1-20c)。

(2)滑块 A 的受力分析。A 的上表面受到已知 F 力作用,在铰链中心受到杆件给它的反作用力 F'_A,A 的左侧表面受到墙对它的约束力 F_{N1},此三力作用线汇交于 A 点(图 1-20b)。

(3)滑块 B 的受力分析。B 的右表面受到夹紧力 F_Q 作用,在铰链中心受到杆件给它的反作用力 F'_B,在 B 下表面受到底面给它的约束力 F_{N2},此三力作用线汇交于 B 点(图 1-20d)。

【例 1-2】 如图 1-21a 所示,简支梁 AB 的 A 端为固定铰链支座,B 端为活动铰链支座,在梁的中点受到主动力 F 的作用,试画出梁 AB 的受力图。

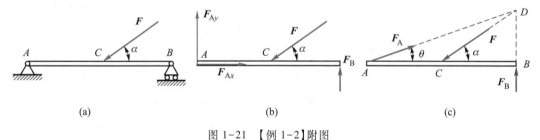

图 1-21 【例 1-2】附图

解:(1)根据题意,取梁 AB 为研究对象,除去约束取分离体。

(2)画主动力,即外力 F。

(3)画约束力。活动铰链 B 对梁的约束力 F_B,其通过铰链 B 的中心,铅垂向上;固定铰链 A 的约束力用两个分力 F_{Ax} 和 F_{Ay} 表示,如图 1-21b 所示。

因为梁 AB 在受到固定铰链 A 和活动铰链 B 处的两个约束力及一个主动力 F 的作用下处于平衡状态,其中力 F_B 和 F 方向已知,由三力平衡汇交定理可知,固定铰链 A 处对梁 AB 的约束力 F_A 的作用线必通过力 F_B 和 F 的交点 D,故

力 F_A 的方向是可以确定的,如图 1-21c 所示。

【例 1-3】　如图 1-22a 所示,三铰拱桥由左、右两拱铰接而成。设各拱的自重不计,在拱 AC 上作用有载荷 F,试画出拱 AC、BC 的受力图。

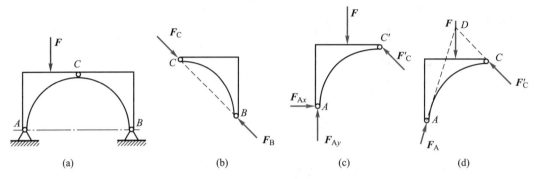

图 1-22　【例 1-3】附图

解:(1) 先分析拱 BC 的受力。由于拱 BC 自重不计,且只在 B、C 两处受到铰链约束,因此拱 BC 为二力构件。在铰链中心 B、C 处分别受 F_B、F_C 两力的作用,且 $F_B = -F_C$(图 1-22b)。

(2) 取拱 AC 为研究对象。由于自重不计,因此主动力只有载荷 F。拱在铰链 C 处受到拱 BC 给它的约束力 F'_C 的作用,根据作用和反作用定理,$F'_C = -F_C$。拱在 A 处受到固定铰链对它的约束力 F_A 的作用,由于方向未知,可用两个大小未知的正交分力 F_{Ax} 和 F_{Ay} 代替(图 1-22c)。

(3) 再进一步分析可知:由于拱 AC 在 F、F'_C 和 F_A 三个力作用下平衡,故可据三力平衡汇交定理,确定铰链 A 处约束力 F_A 的方向。点 D 为力 F 和 F'_C 作用线的交点,当拱 AC 平衡时,约束力 F_A 的作用线必通过点 D(图 1-22d),至于 F_A 的实际指向在以后可由平衡方程来进行确定。

【例 1-4】　如图 1-23a 所示为一管道支架,支架的两根杆 AB 和 CD 在点 E 相铰接,在 J、K 两点用水平绳索相连,已知管道的重力为 W。不计摩擦和支架、绳索的自重,试作出管道、杆 AB、杆 CD 以及整个管道支架系统的受力图。

解:(1) 取管道为研究对象,其上作用有主动力 W,在点 M 和 N 处为光滑面约束,其约束力 F_M 和 F_N 分别垂直于杆 AB 和 CD 并指向管道中心,于是可作出管道的受力图如图 1-23b 所示。

(2) 取杆 AB 为研究对象,在点 M 处的作用力 F'_M 为 F_M 的反作用力,故指向应与 F_M 相反;点 E 处为中间铰链,其约束力可用两个正交分力 F_{Ex} 和 F_{Ey} 来表示;点 J 处为柔索约束,约束力 F_J 为沿着柔索方向的拉力;点 B 处为光滑面约束,约束力 F_B 为垂直于光滑面,其方向垂直向上。于是可得到杆 AB 的受力图如图 1-23c 所示。

(3) 杆 CD 的受力分析与杆 AB 的分析基本相同,故不再赘述。其受力图如

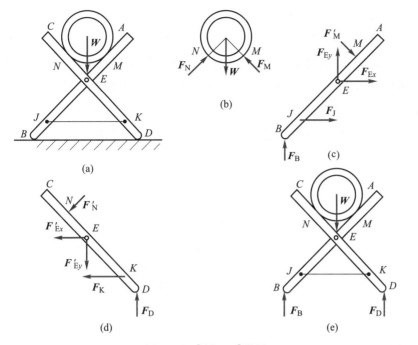

图 1-23 【例 1-4】附图

图 1-23d 所示。

（4）取整个管道支架（物系）为研究对象，由于点 M、N、E、J、K 各处的约束力都是物系的内力，不应画出，故只需画出物系的主动力 W 和点 B、D 两处的约束力 F_B 和 F_D，即可得受力图如图 1-23e 所示。

1.5 案例分析

车刀对中心的技巧如图 1-24 所示，向前摇动中滑板，使车刀的刀尖将扁料轻轻地顶在圆柱形棒料上。观察扁料的倾斜方向，若扁料位于如图 1-24b 所示向左倾斜的位置，说明刀尖在工件中心的下方；若扁料位于如图 1-24c 所示向右倾斜的位置，说明刀尖在工件中心的上方；若扁料位于如图 1-24a 所示的铅垂位置，说明刀尖与圆柱形棒料的中心等高，即为车刀的正确位置。该方法运

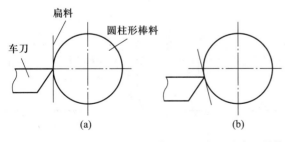
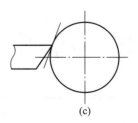

图 1-24 车刀对中心的技巧

用了静力学二力平衡公理。

车刀对中心工作原理:车刀刀尖的圆弧半径一般都小于 0.1 mm,它与圆柱形棒料形成光滑圆弧面接触。若扁料的自重忽略不计,它受的力是刀尖圆弧的主动力 F 和圆柱形棒料约束力 F_N,此时扁料处于二力平衡状态,主动力 F 和约束力 F_N 必然位于同一直线,如图 1-25 所示为扁料在三种位置上受力图,显然只有如图 1-25a 所示的位置时,刀尖与棒料的中心等高,即车刀位于正确位置。

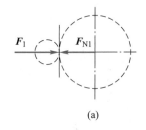
(a)

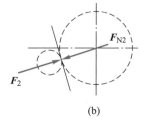
(b)

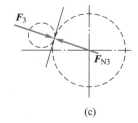
(c)

图 1-25　车刀对中心的原理

思考题

1. 如图 1-26 所示三铰拱桥上的作用力 F,可否依据力的可传性原理把它移到点 D? 为什么?

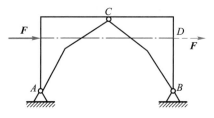

图 1-26　思考题 1 附图

2. 请举例说明,生活中有哪些现象是约束。它们属于哪一类约束? 约束力的方向能确定吗?

3. 指出如图 1-27 所示的结构中,哪些构件是二力构件? 其约束力的方向能否确定?

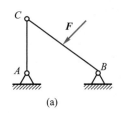
(a)

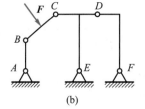
(b)

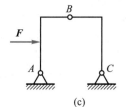
(c)

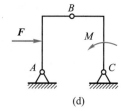
(d)

图 1-27　思考题 3 附图

4. 判断题：

（1）力有两种作用效果,力既可以使物体的运动状态发生改变,也可以使物体发生变形。（   ）

（2）力的可传性原理和加减平衡力系公理只适用于刚体。（   ）

（3）平面汇交力系平衡时,力多边形各力应首尾相接,但在作图时力的顺序可以不同。（   ）

（4）固定在基座上的电动机静止不动,正是因为电动机的重力与地球对电动机吸引力等值、反向、共线,所以这两个力是一对平衡力。（   ）

（5）柔性约束对物体只有沿柔体中心线、背离被约束物体的拉力。（   ）

5. 填空题：

（1）作用于刚体上的两个力,使刚体处于平衡的充要条件是_____、_____、_____。

（2）作用于刚体上的力可沿其_____移动到刚体内任意一点而不改变原力对刚体的作用效应。

（3）在任一力系中加上或减去一对_____,不会影响原力系对刚体的作用效果。

习题

画出如图 1-28 所示各物体的受力图,未画重力的物体的重量均不计,所有接触面均为光滑面。

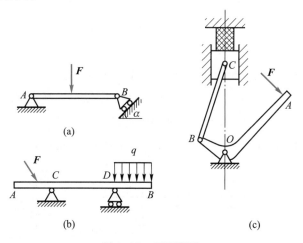

图 1-28　习题附图

竞赛题

1. 如图 1-29a、b 所示，结构均由刚性直角弯杆 AC 和 BC 组成，若在图 a 中将力 **F** 沿其作用线由点 D 移至铰链 C（图 a 中虚线所示），则_____；若在图 b 中将力 **F** 沿其作用线由点 E 移至点 G（图 b 中虚线所示），则_____。（第五届江苏省大学生力学竞赛）

① 支座 A、B 的约束反力将发生变化；

② 支座 A、B 的约束反力将保持不变。

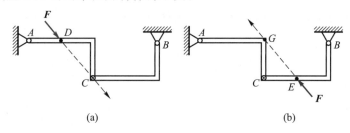

(a)　　　　　　　　　　(b)

图 1-29　竞赛题 1 附图

2. 由不计自重的两杆 AC 和 BD 组成的结构受图 1-30 所示载荷的作用，请在各图中画出 A、B 两处约束力的方向。（第五届江苏省大学生力学竞赛）

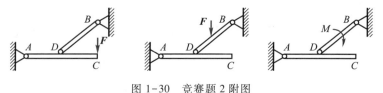

图 1-30　竞赛题 2 附图

3. 如图 1-31 所示，不计重量的杆 AB 的 A 端为固定铰支座，请在 B 端设置一种约束，使该杆在中点 C 受到力 F 的作用时能保持平衡，并使 A 端所受约束反力的作用线与杆 AB 成 135°的夹角，则 B 端的约束是_____（请填写一种约束，并在原图中画出）。（第五届江苏省大学生力学竞赛）

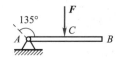

图 1-31　竞赛题 3 附图

4. 如图 1-32 所示，各结构中的构件均为刚性的，且不计各构件自重，则当力 **F** 沿其作用线移到点 D 时，使 B 处受力发生改变的情况是_____（请填入

编号）。（第七届江苏省大学生力学竞赛）

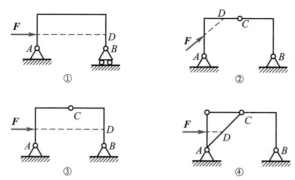

图 1-32　竞赛题 4 附图

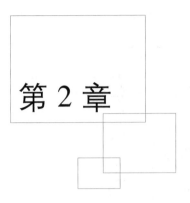

第 2 章

平 面 力 系

学习目标

掌握平面汇交力系和平面力偶系的平衡条件,理解平面一般力系的简化结果和平面物体系统平衡的研究方法。能熟练地对合力、合力偶矩进行计算,列出平面一般力系的平衡方程,并准确地计算相关的约束力。

单元概述

平面力系包括平面一般力系和平面特殊力学(平面汇交力系和平面力偶系),掌握力的投影和合力投影定理是研究平面汇交力系平衡条件的前提;辨别力矩与力偶的异同,掌握合力矩定理和力偶的性质,可为研究平面力偶系奠定基础。本章的重点是正确理解并列出平面一般力系的平衡方程,并由此求解出相应的约束力,难点是研究平面物体系统的平衡问题,需从整体和局部两个方面进行受力分析。

微视频
力的投影

2.1 力的投影

2.1.1 力在坐标轴上的投影

力对物体的作用效果,取决于力的三要素:大小、方向及作用点。通常情况下,物体上所受的力不止一个,而是由多个力组成的力系。 如图 2-1 所示的夹紧机构,当作用在一个物体上所有力的作用线均位于同一个平面内时,称此物体受到一个平面力系的作用。本章研究的力系均为平面力系,受力对象均为受力后不发生变形的刚体。

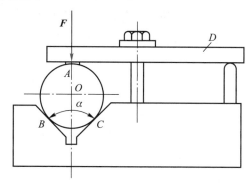

图 2-1　作用于夹紧机构上的平面力系

　　力系中各力的作用点可通过受力图来反映:一个力的大小及方向在几何上可用一段带有箭头的有向线段表示,该有向线段的长度表示力的大小,箭头表示力的方向,有向线段的起点(或终点)表示力的作用点的位置。因为力的大小与其在坐标轴上的投影存在直接的联系,因此,为便于分析各个不同方向的力,需引入投影的方法。

　　如图 2-2 所示,在平面直角坐标系中,通过力 F 作用线的起点 A 和终点 B,分别向 x 轴和 y 轴作垂线,得到垂足 x_A、y_A、x_B、y_B。称 x_A 与 x_B 间线段的长度为力 F 在 x 轴上的投影,记为 F_x;y_A 与 y_B 间线段的长度为力 F 在 y 轴上的投影,记为 F_y。

　　若将力 F 在 x、y 坐标轴上的投影 F_x、F_y 赋予由力的起点指向终点的方向,则可以得到力 F 在两坐标轴上的分力 F_x、F_y。这两个分力的作用线相互垂直,为正交分力,如图 2-3 所示。

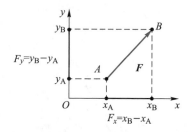

图 2-2　力 F 在坐标轴上的投影 F_x、F_y

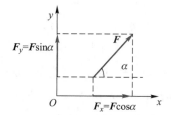

图 2-3　力 F 及其正交分力 F_x、F_y

　　合力 F 与其正交分力 F_x、F_y 之间满足如图 2-4 所示的几何关系:将正交分力的作用线首尾相连后,从第一个分力的起点到最后一个分力的终点的连线即为合力的作用线。当分力不是正交关系,或分力的个数多于两个时,以上分力与合力的几何关系仍然存在，即分力的作用线首尾相连后，与合力的作用线总能构成一个封闭的多边形。

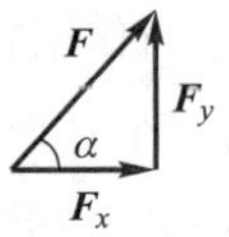

由图 2-3 可见，合力 $\boldsymbol{F}$ 的大小与正交分力 $\boldsymbol{F}_x$、$\boldsymbol{F}_y$ 的大小之间满足式（2-1）；合力 $\boldsymbol{F}$ 的作用线与 x 轴的夹角 α（通常取锐角）表明合力的位置，满足式（2-2）。

图 2-4　合力与分力之间的几何关系

$$F=\sqrt{F_x^2+F_y^2} \tag{2-1}$$

$$\tan \alpha = \left| \frac{F_y}{F_x} \right| \tag{2-2}$$

当计算多个力 $\boldsymbol{F}_i\,(i=1,2,\cdots,n)$ 的合力 $\boldsymbol{F}$ 的大小时，可取两个分力应用式 (2-1) 得到中间合力，再将中间合力依次与后续的各分力逐次应用式 (2-1) 求和，即可得到最终的合力 $\boldsymbol{F}$。

2.1.2　合力投影定理

运用解析法研究平面力系的思路是将平面力系中各力向 x、y 坐标轴作投影，将每个力 $\boldsymbol{F}_i$ 分解为两个正交分力 $\boldsymbol{F}_{ix}$、$\boldsymbol{F}_{iy}$，然后分析并计算出 x 轴上各分力 $\boldsymbol{F}_{ix}$ 的合力 $\boldsymbol{F}_{Rx}$、y 轴上各分力 $\boldsymbol{F}_{iy}$ 的合力 $\boldsymbol{F}_{Ry}$，再将 $\boldsymbol{F}_{Rx}$ 和 $\boldsymbol{F}_{Ry}$ 合成为合力 $\boldsymbol{F}_R$，即是原平面力系的等效力系，从而对原平面力系进行了简化。

合力投影定理

合力在坐标轴上的投影等于各分力在同一坐标轴上投影的代数和。

若假设合力 $\boldsymbol{F}_R$ 由 n 个分力 $\boldsymbol{F}_1,\boldsymbol{F}_2,\cdots,\boldsymbol{F}_n$ 组成，则合力 $\boldsymbol{F}_R$ 在 x、y 坐标轴上的投影 F_{Rx}、F_{Ry} 分别为：

$$F_{Rx}=\sum F_{ix}=F_{1x}+F_{2x}+\cdots+F_{nx} \tag{2-3}$$

$$F_{Ry}=\sum F_{iy}=F_{1y}+F_{2y}+\cdots+F_{ny} \tag{2-4}$$

为了证明合力投影定理，下面介绍用几何方法求解分力之合力的平行四边形定理：利用几何方法求解合力时，将两个分力的作用线作为平行四边形的两个相交的邻边，作出平行四边形，此时通过交点的对角线即为合力的作用线。

如图 2-5 所示，合力 $\boldsymbol{F}_R$ 可看作由 $\boldsymbol{F}$ 和 $\boldsymbol{F}_3$ 合成，$\boldsymbol{F}$ 由 $\boldsymbol{F}_1$ 和 $\boldsymbol{F}_2$ 合成。利用平行四边形定理，各力在 x 轴上的投影分别用垂足间的距离表示（如 af），利用式 (2-3) 可知：

$$F_x=F_{1x}+F_{2x}=ab+af=ab+bc=ac$$

$$F_{Rx}=F_x+F_{3x}=ac-ea=ac-dc=ad$$

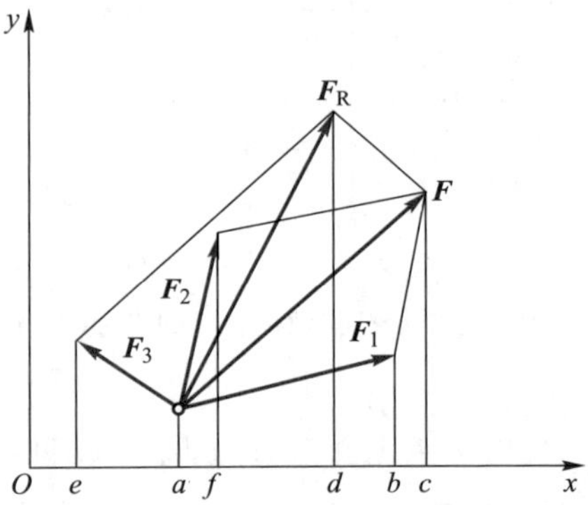

图 2-5　合力投影定理中的合力与分力

同理可证式(2-4)在 y 轴上也成立,由此合力投影定理的内容得证。

如图 2-6 所示,根据合力 F_R 的分力 F_{Rx}、F_{Ry},可按照式(2-5)和式(2-6)来计算合力 F_R 的大小及方向:

$$F_R = \sqrt{F_{Rx}^2 + F_{Ry}^2} \tag{2-5}$$

$$\tan \alpha = \left| \frac{F_{Ry}}{F_{Rx}} \right| \tag{2-6}$$

合力投影定理适用于分力容易获得,合力大小、位置不易判断的情况。

【例 2-1】 如图 2-7 所示,在点 O 作用有四个平面汇交力,已知 $F_1 = 100\ \text{N}$,$F_2 = 100\ \text{N}$,$F_3 = 150\ \text{N}$,$F_4 = 200\ \text{N}$,试求该力系的合力。

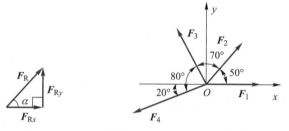

图 2-6　合力与两个正交分力　　图 2-7　【例 2-1】附图

解:

$$F_{Rx} = \sum F_{ix} = F_{1x} + F_{2x} + F_{3x} + F_{4x}$$

$$= F_1 \cos 0° + F_2 \cos 50° + F_3 \cos 120° + F_4 \cos 200°$$

$$= 100\ \text{N} \times \cos 0° + 100\ \text{N} \times \cos 50° + 150\ \text{N} \times \cos 120° + 200\ \text{N} \times \cos 200°$$

$$\approx -98.7\ \text{N}$$

$$F_{Ry} = \sum F_{iy} = F_{1y} + F_{2y} + F_{3y} + F_{4y}$$

$$= F_1 \sin 0° + F_2 \sin 50° + F_3 \sin 120° + F_4 \sin 200°$$

$$= 100\ \text{N} \times \sin 0° + 100\ \text{N} \times \sin 50° + 150\ \text{N} \times \sin 120° + 200\ \text{N} \times \sin 200°$$

$$\approx 138.1\ \text{N}$$

$$F_R = \sqrt{F_{Rx}^2 + F_{Ry}^2} = \sqrt{(-98.7\ \text{N})^2 + (138.1\ \text{N})^2} \approx 169.7\ \text{N}$$

$$\tan \alpha = \left| \frac{F_{Ry}}{F_{Rx}} \right| = \left| \frac{138.1\ \text{N}}{-98.7\ \text{N}} \right| \approx 1.4$$

故得合力 F_R 与 x 轴正向间的夹角 $\alpha = 125.5°$。根据 F_{Rx},F_{Ry} 的正负可知合力在第二象限。

2.1.3　平面汇交力系平衡的充要条件

当一个平面内各力的作用线或其延长线相交于同一点时,称之为平面汇交力系。如图 2-8 所示,对塔吊顶端进行受力分析时,可简化为两端钢索的拉力和支柱的支承力相交于顶端的最高点,该力系可视为平面汇交力系。

图 2-8　塔吊顶端受到一个平面汇交力系的作用

在平面汇交力系中,各力可运用合力投影定理计算得到合力。判断一个平面汇交力系是否能使所作用的物体处于平衡状态,归结为该力系的合力是否为零。由式(2-5)可知,合力 F_R 为零等价于两个正交分力 F_{Rx}、F_{Ry} 同时为零,即式(2-7)和式(2-8)同时成立。

$$F_{Rx} = \sum F_{ix} = F_{1x} + F_{2x} + \cdots + F_{nx} = 0 \tag{2-7}$$

$$F_{Ry} = \sum F_{iy} = F_{1y} + F_{2y} + \cdots + F_{ny} = 0 \tag{2-8}$$

式(2-7)和式(2-8)为平面汇交力系平衡的充要条件。

微视频

力矩与力偶

2.2　力矩与力偶

2.2.1　力对点之矩

由实践经验可知:当力的作用线经延长后恰好通过受力物体的重心或均质物体的形心时,物体发生直线移动;否则,物体将会发生转动。

力对物体的转动效应可用力对点之矩来度量,简称力矩。如图 2-9 所示,扳手对螺母的转动效应不仅与手柄上的力 F 的大小有关,而且与转动中心点 O 到力 F 的作用线的垂直距离 d 有关。

教学课件

力矩的基本性质

因此,以力 F 的大小和 d 的乘积,以及转动方向来度量力使物体绕点 O 的转动效应,称之为力 F 对点 O 之矩,以符号 $M_O(F)$ 表示,即:

$$M_O(F) = \pm F \cdot d \tag{2-9}$$

式中,点 O 称为矩心,d 称为力臂,正负号表示力矩在其作用面上的转向。规定

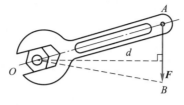

图 2-9　扳手对螺母施加力矩的作用

平面内使物体绕矩心沿逆时针方向转动的力矩,其值取正;反之取负。力矩的单位为 N·m(牛·米)或 kN·m(千牛·米)。如图 2-10所示,力 F 对 O 点之矩使其绕矩心 O 产生逆时针方向转动,力矩取正值,$M_O(F)=F·d=100\ kN\times0.5\ m=50\ kN·m$。

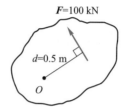

图 2-10　力矩的计算

2.2.2　合力矩定理

当一个力系有不为零的合力时,有时需要在合力的力臂不易获得的情况下,求解合力对某点之矩。此时,可利用各分力对该点的力矩的代数和进行计算,即合力矩定理。

合力矩定理:平面汇交力系的合力对于平面内任一点之矩,等于各分力对同一点之矩的代数和,即:

$$M_O(F_R)=\sum_{i=1}^{n}M_O(F_i)\qquad i=1,2,\cdots,n \qquad (2-10)$$

平面汇交力系中,当各分力 F_i 的大小、方向均已知时,可利用式(2-10),先计算出每个分力对点 O 的力矩 $M_O(F_i)=\pm F_i·d_i$,然后再将这些力矩求代数和,即为该力系的合力 F_R 对点 O 的力矩 $M_O(F_R)$。

【例 2-2】　如图 2-11 所示的直齿轮,受到啮合力 F_n 的作用。已知 $F_n=1400\ N$,压力角 $\alpha=20°$,齿轮节圆(啮合圆)的半径 $r=60\ cm$,试计算力 F_n 对于轴心 O 的力矩。

解 1:根据力矩的定义,即:

$$M_O(F_n)=F_n h$$

其中,力臂 $h=r\cos\alpha$,故:

$$M_O(F_n)=F_n r\cos\alpha=1400\ N\times(60\times10^{-2})\ m\times\cos20°=789.34\ N·m$$

解 2:根据合力矩定理,即将力 F_n 分解为圆周力 F_t 和径向力 F_r,如图 2-11b 所示,则有:

$$M_O(F_n)=M_O(F_t)+M_O(F_r)$$

29

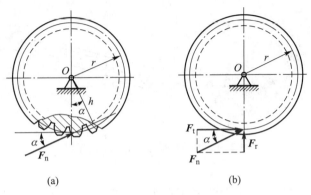

图 2-11　【例 2-2】附图

由于径向力 F_r 通过矩心 O，故：

$$M_O(F_r) = 0$$

于是得：

$$M_O(F_n) = M_O(F_t) = F_n \cos \alpha \cdot r = 1400 \text{ N} \times \cos 20° \times (60 \times 10^{-2}) \text{ m} = 789.34 \text{ N} \cdot \text{m}$$

2.2.3　力偶

如图 2-12 所示的方向盘和攻螺纹的丝锥手柄上都作用有两个大小相等、方向相反、作用线互相平行的力 F 和 F'，其作用效果均使方向盘和丝锥产生转动。由两个大小相等、方向相反、作用线互相平行的力组成的力系为力偶，记为 (F, F')，力偶对刚体只产生转动的效应。

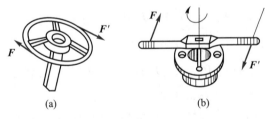

图 2-12　力偶产生转动效应

如图 2-13 所示，力偶中两个力作用线之间的垂直距离，称为力偶臂，记为 d。力偶中两个力的作用线所确定的平面称为力偶的作用面。力偶的转动效应既与力 F 的大小、力偶臂有关，也与力偶的作用面及力偶转动的方向有关。

图 2-13　力偶中的力与力偶臂

力偶中的一个力与力偶臂的乘积称为力偶矩，即：

$$M(F, F') = \pm F \cdot d \tag{2-11}$$

规定逆时针转向的力偶矩为正，反之为负。

力偶用一个有方向的弧线段或折线表示,如图 2-14 所示为一个逆时针方向旋转、力偶矩为 M 的力偶。

图 2-14　力偶的表示方法

力偶有如下几点性质:

(1) 力偶无合力,力偶中的两个力在坐标轴上投影之和始终为零。力偶不能和一个力等效,也不能用一个力平衡,力偶只能用力偶平衡。

(2) 力偶与矩心的位置无关,力偶对其作用面内任一点的力矩,恒等于其力偶矩。

(3) 力偶可在其作用面内任意移动,而不改变其对刚体的转动效应。换言之,力偶对刚体的作用效应与力偶在其作用面内的位置无关。

(4) 只需保持力偶矩的大小和力偶的转向不变,可以同时改变力偶中的力的大小和力偶臂的长短,而不会影响其对刚体的转动效应。如图 2-15 所示,方向盘上力偶(F_1,F_1')和力偶(F_2,F_2')作用效果相同;丝锥上 $F_1 \cdot d_1 = F_2 \cdot d_2$,且 $F_1<F_2$,更省力。

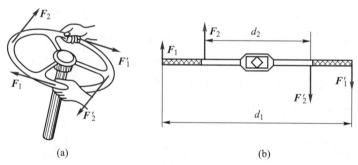

(a)　　　　　　　　　　(b)

图 2-15　力偶的等效性质

2.2.4　平面力偶系及其平衡条件

一般情况下,作用在刚体上的各个力偶,其力偶矩、转动方向及作用面各不相同。为了研究方便,先考虑作用在同一平面内的若干力偶。作用在刚体上同一平面内的两个或两个以上的力偶组成平面力偶系,平面力偶系中各力偶的作用等效于合力偶的作用,即平面力偶系的简化结果为一个合力偶,合力偶矩的大小等于各分力偶矩的代数和。

若作用在一个平面内有 n 个力偶, 合力偶矩 M_R 为各分力偶矩 M_i 的代数和, 即:

$$M_R = \sum_{i=1}^{n} M_i, \quad i = 1, 2, \cdots, n \tag{2-12}$$

平面力偶系的合力偶矩可用于判断平面力偶系是否保持平衡, 若一个平面力偶系对刚体的转动效应相互抵消, 即合力偶矩为零, 则该平面力偶系为平衡力系。式(2-13)为平面力偶系平衡的充分必要条件:

$$M_R = \sum M_i = 0 \tag{2-13}$$

微视频

平面一般力系的简化

2.3　平面一般力系的简化

2.3.1　平面一般力系向平面内一点的简化及讨论

对于一般的平面力系, 各力的作用线不完全相交于同一点。此时, 可应用力线平移定理, 将力的作用点移动到汇交点上, 同时再附加一个力偶, 其力偶矩等于原力对汇交点的力矩。此时, 汇交点上的各力形成一个平面汇交力系, 附加的各个力偶形成一个平面力偶系, 即: 原平面一般力系与一个平面汇交力系加上一个平面力偶系等效。分别求解出平面汇交力系的合力和平面力偶系的合力偶矩后, 当合力和合力偶矩同时为零时, 即可判断原平面一般力系平衡。

如图 2-16 所示, 刚体上作用的一个平面一般力系中有分力 $F_1, F_2, \cdots, F_n$, 将 F_1 平行移动到平面内简化中心点 O 后, 得到 F_1', 同时附加一个力偶, 其力偶矩 M_1 等于 F_1 对 O 点之矩: $M_1 = M_0(F_1)$。

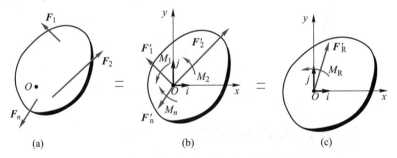

图 2-16　平面一般力系向平面内一点简化

平面一般力系中各分力全部平移后, 可由平面汇交力系各分力 $F_1', F_2', \cdots, F_n'$ 合成一个合力 F_R', 称为主矢; 平面力偶系各力偶矩 $M_1, M_2, \cdots, M_n$, 合成为一个合力偶矩 M_R, 称为主矩:

$$F_{R}' = \sum_{i=1}^{n} F_{i}' = F_{1}' + F_{2}' + \cdots + F_{n}' \qquad (2-14)$$

$$M_{R} = \sum_{i=1}^{n} M_{i} = M_{1} + M_{2} + \cdots + M_{n} \qquad (2-15)$$

由此可见,平面一般力系的作用与其合力 F_{R}' 和合力偶矩 M_{R} 的共同作用等效。根据合力 F_{R}' 和合力偶矩 M_{R} 的值是否为零,可将平面一般力系向平面内一点简化后的结果从以下四种情况分别进行讨论:

(1) $F_{R}' \neq 0, M_{R} = 0$,说明原力系与一个力等效,F_{R}' 就是原力系的合力 F_{R},合力的作用线通过简化中心。

(2) $F_{R}' = 0, M_{R} \neq 0$,说明原力系与一个平面力偶系等效,其合力偶矩就是主矩。此时,主矩与简化中心的位置无关。

(3) $F_{R}' \neq 0, M_{R} \neq 0$,此时可将主矢 F_{R}' 和主矩 M_{R} 利用力线平移定理的逆过程进一步进行合成。将主矩 M_{R} 用与主矢 F_{R}' 大小相等的一对力偶 (F_{R}, F_{R}'') 表示,并使力偶中一个力 F_{R}'' 与主矢 F_{R}' 构成一对平衡力,如图 2-17 所示。再利用加减平衡力系的原理,从刚体上去除一对平衡力后,刚体上剩余作用在 O' 点的力 F_{R},即原力系的合力 F_{R}。由此可见,平面任意力系的简化结果是作用点不在简化中心的一个力。

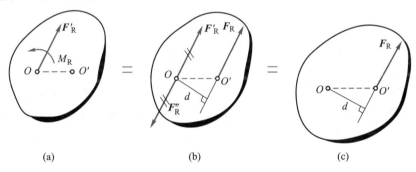

图 2-17　主矢、主矩简化为一个合力

(4) $F_{R}' = 0, M_{R} = 0$,原力系为平衡力系。机械及其结构处于平衡状态是比较常见的情况,平面一般力系的平衡条件应用十分广泛。

2.3.2　平面一般力系的平衡条件及平衡方程

平面一般力系的平衡条件为力系的主矢 F_{R}' 和主矩 M_{R} 同时为零,即:

$$F_{R}' = \sqrt{\left(\sum F_{ix}\right)^{2} + \left(\sum F_{iy}\right)^{2}} = 0, \quad M_{R} = \sum M_{i} = 0$$

由于合力为零,等价于合力的两正交分力同时为零,因此,主矢为零又可写为常见的两正交分力同时为零的形式。平面一般力系的平衡条件可写为平衡方程形式,如式(2-16)~式(2-18)所示:

$$\sum F_{ix} = 0 \tag{2-16}$$

$$\sum F_{iy} = 0 \tag{2-17}$$

$$M_{\mathrm{R}} = \sum_{i=1}^{n} M_i = \sum_{i=1}^{n} M_{\mathrm{O}}(\boldsymbol{F}_i) = M_{\mathrm{O}}(\boldsymbol{F}_1) + M_{\mathrm{O}}(\boldsymbol{F}_2) + \cdots + M_{\mathrm{O}}(\boldsymbol{F}_n) = 0$$

$$\tag{2-18}$$

在以上平衡方程组中,有两个力的投影平衡方程式(2-16)、式(2-17),一个力矩平衡方程式(2-18),称这样的方程组为一矩式平衡方程。应注意:在以上方程组中,其前后次序无关紧要,但在利用平衡方程组求解未知的约束力时,为简化计算,常选取未知力最多的点作为矩心,并且先求解力矩的平衡方程,再求解两个力的投影的平衡方程。

平面一般力系的平衡方程,除了存在一矩式外,还有二矩式、三矩式平衡方程。若在原平面内另选一点为矩心,写出两个力矩平衡方程,加上一个力的投影平衡方程即可构成二矩式平衡方程组,如式(2-19)~式(2-21),其中点 A、B 为矩心。需要注意的是:在二矩式平衡方程组中,两矩心的连线不能与力的投影平衡方程的投影轴线垂直,否则方程组退化。

$$\sum F_{ix} = 0 \tag{2-19}$$

$$M_{\mathrm{RA}} = \sum_{i=1}^{n} M_{\mathrm{A}}(\boldsymbol{F}_i) = M_{\mathrm{A}}(\boldsymbol{F}_1) + M_{\mathrm{A}}(\boldsymbol{F}_2) + \cdots + M_{\mathrm{A}}(\boldsymbol{F}_n) = 0 \tag{2-20}$$

$$M_{\mathrm{RB}} = \sum_{i=1}^{n} M_{\mathrm{B}}(\boldsymbol{F}_i) = M_{\mathrm{B}}(\boldsymbol{F}_1) + M_{\mathrm{B}}(\boldsymbol{F}_2) + \cdots + M_{\mathrm{B}}(\boldsymbol{F}_n) = 0 \tag{2-21}$$

三矩式平衡方程组由不共线的三个矩心上的三个力矩平衡方程组成,即:取平面内不共线的三个点 A、B、C 为矩心,三矩式平面平衡力系的平衡方程组可写为式(2-22)~式(2-24):

$$M_{\mathrm{RA}} = \sum_{i=1}^{n} M_{\mathrm{A}}(\boldsymbol{F}_i) = M_{\mathrm{A}}(\boldsymbol{F}_1) + M_{\mathrm{A}}(\boldsymbol{F}_2) + \cdots + M_{\mathrm{A}}(\boldsymbol{F}_n) = 0 \tag{2-22}$$

$$M_{\mathrm{RB}} = \sum_{i=1}^{n} M_{\mathrm{B}}(\boldsymbol{F}_i) = M_{\mathrm{B}}(\boldsymbol{F}_1) + M_{\mathrm{B}}(\boldsymbol{F}_2) + \cdots + M_{\mathrm{B}}(\boldsymbol{F}_n) = 0 \tag{2-23}$$

$$M_{\mathrm{RC}} = \sum_{i=1}^{n} M_{\mathrm{C}}(\boldsymbol{F}_i) = M_{\mathrm{C}}(\boldsymbol{F}_1) + M_{\mathrm{C}}(\boldsymbol{F}_2) + \cdots + M_{\mathrm{C}}(\boldsymbol{F}_n) = 0 \tag{2-24}$$

在解决具体问题时,可根据已知力系的特征,选择以上三种类型的平面力系平衡方程。例如,力系中未知力分布主要集中在两个不同的点时,选用二矩式平衡方程组求解未知约束力会更加便捷。

2.3.3　平面一般力系平衡方程的应用

平面一般力系的平衡方程中包含主动力和未知约束力,且方程均为线性方程,很容易求解。对静定结构而言,未知力数目小于或等于独立的平衡方程数目,可通过联立平衡方程组,求解出全部的未知力,为后续的内力计算打下基础。

【例 2-3】 如图 2-18a 所示的外伸梁,在 A 端用铰链固定,端点 C 上有集中力作用,$F_C = 20$ kN,在外伸段上作用一个力偶,$M = 10$ kN·m,AB 段上受均布载荷的作用,其载荷集度 $q = 10$ kN/m。求 A 和 B 两处的支座约束力。

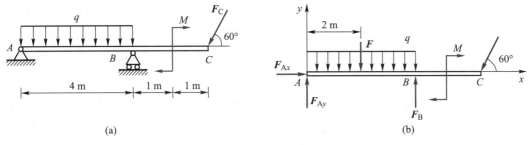

(a)   (b)

图 2-18 【例 2-3】附图

解: 选外伸梁为研究对象,它所受的主动力有:均布载荷 q,集中力 F_C 和力偶矩 M。它所受的约束力有:固定支座 A 处的约束力,通过点 A,但方向不确定,故用两个正交分力 F_{Ax} 和 F_{Ay} 代替;滚动支座 B 处的约束力 F_B,沿铅直方向。假设约束力均为正值,画出受力图如图 2-18b 所示。

计算前,先将均布载荷的合力求出,用于替代均布载荷,可简化计算过程。设 A、B 间均布载荷的合力为 F,其大小等于载荷集度 q 与载荷分布长度的乘积,$F = q \cdot AB = 40$ kN,F 作用在 AB 的中点上,方向同载荷集度 q。

将坐标原点设定在外伸梁最左端的截面形心点 A 上,沿杆件纵向设为 x 轴,向上为 y 轴。因 A、B 两点均有未知力,可选为矩心。列平衡方程时,为避免遗漏一些项,可按从左向右的顺序,逐个将力写入方程。由此可得两个力矩平衡方程和一个力在 x 轴上投影平衡方程(在 y 轴上投影相对复杂一些):

$$\sum M_{RA}(\boldsymbol{F}_i) = -2 \text{ m} \times F + 4 \text{ m} \times F_B - M - 6 \text{ m} \times F_C \sin 60° = 0$$

$$\sum M_{RB}(\boldsymbol{F}_i) = -4 \text{ m} \times F_{Ay} + 2 \text{ m} \times F - M - 2 \text{ m} \times F_C \sin 60° = 0$$

$$\sum F_{ix} = F_{Ax} - F_C \cos 60° = 0$$

联立求解方程,得:$F_{Ax} = 10$ kN,$F_{Ay} = 8.84$ kN,$F_B = 48.48$ kN。

可见,约束力数值均为正值,表明实际的约束力方向与假设方向相同。

2.4 平面物体系统的平衡

机械及其结构大多是由若干个物体通过一定形式的约束组合在一起的,称为物体系统,简称物系。在求解物体系统的平衡问题(简称物系的平衡问题)的过程中,受力分析时,应注意内力和外力的区分:所谓内力是指物系内部物体与

微视频

平面物体系统的平衡

物体之间的相互作用力,当以整个物系为研究对象进行受力分析时,内力不出现;所谓外力是研究对象以外的其他物体对研究对象作用的力。研究对象既可以是整个物系,也可以是物系中的一个物体,所以外力是相对的,是随所选研究对象的不同而改变的。根据作用与反作用公理,内力总是成对出现的,但是在研究对象的分离体上只画它所受的外力而不画内力。

当物系平衡时,组成该系统的每一个物体均处于平衡状态,对于每一个受平面一般力系作用的物体,均可写出三个平衡方程。如物体系统由 n 个物体组成,则共有 $3n$ 个独立平衡方程。如果系统中有物体受平面汇交力系或平面平行力系作用时,则系统的平衡方程数目相应地减少。

当系统中的未知量数目等于独立平衡方程的数目时,则所有未知数均可由平衡方程求出,这样的问题称为静定问题。在工程实际中,一些具有重要保护价值、作用特殊的结构,处于安全考虑,为减少结构的变形、增加结构的刚度和强度,通常需在静定结构的基础上增加约束,形成有多余约束的结构,从而增加了未知力的数目。如武汉长江大桥采用三联三孔的连续梁结构,如图 2-19 所示为其一联三孔梁。当这些结构的未知量数目多于平衡方程的数目时,未知量就不能全部由平衡方程求出,这样的问题称为静不定问题或超静定问题。对于静不定问题,通常可以找到一些变形协调条件,如链杆支座处某方向的结构位移实际为零等。利用这些已知的变形条件建立补充方程,可使方程组封闭,最终求解出所有未知的约束力。静不定问题已超出静力学的研究范围,需在材料力学部分进行研究。

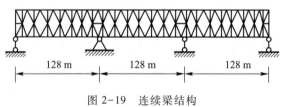

图 2-19　连续梁结构

掌握正确的求解物系问题的方法是有必要的,其步骤可分为以下四步:

(1)判断物系是静定问题还是超静定问题,如果物系中所有未知力的数目小于物系所能列出的独立平衡方程的数目,则该物系称为静定物系,可通过平衡方程求出所有的未知力。

(2)适当选择研究对象,取分离体,画出研究对象的受力图。研究对象可以是物系整体、单个物体,也可以是从物系中按照某个面剖开后,取出的几个相邻物体组成的部分结构。

(3)分析各受力图,确定求解的顺序。一般来讲,首先求解的对象通常是主动力和未知力共同作用的物体,而且未知力的数目不超过独立平衡方程的数目,或者说未知力数目少于 3 个。一般,先求位于物系的外缘且有凸出形态的部分物系,如三角形简单桁架的三个顶点。其次求解的对象也应当符合上述条件,一般是与上一步求解的对象紧邻的对象,这样已求出的作用力可根据作用与反作用公理以已知力的方式传递到相邻的对象上。

(4)按照确定的顺序,依次对研究对象列平衡方程并求解出未知力。

【例 2-4】 如图 2-20a 所示的曲柄滑块机构,由曲柄 OA、连杆 AB 和滑块 B 组成,已知作用在滑块上的力 $F = 17.32$ kN,如不计各构件的自重及摩擦,求作用在曲柄上的力偶矩能使机构保持平衡时的数值(图中长度尺寸单位:mm)。

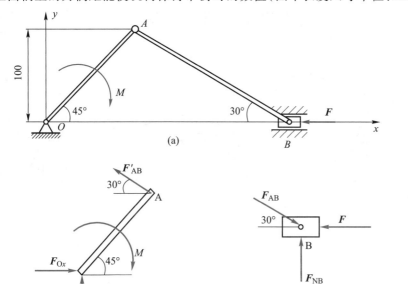

图 2-20 【例 2-4】附图

解:对于整个物系,它所受的主动力有:M、F,未知力有:固定支座 O 处的约束力,可用两个正交分力 F_{Ox}、F_{Oy} 代替;B 处有一个作用线垂直于滑道的未知力 F_{NB}。

(1)取滑块为研究对象,画受力图如图 2-20c 所示,列平衡方程:

$$\sum F_{ix} = 0$$

代入力,$F_{AB}\cos 30° - F = 0$

可得,$F_{AB} = 20$ kN

(2)取曲柄 OA 为研究对象,画受力图如图 2-20b 所示,此时可判断连杆 AB 为二力构件,两端作用力为一对平衡力,若使机构保持平衡可列力矩平衡方程:

$$\sum M_O(F_i) = 0$$

代入力,$F'_{AB}\cos 30° \times 100 \text{ mm} + F'_{AB}\sin 30° \times 100 \text{ mm} - M = 0$

可得,$M = F'_{AB} \times 100 \text{ mm} \times (\cos 30° + \sin 30°) = 20 \text{ kN} \times 100 \text{ mm} \times \left(\dfrac{\sqrt{3}}{2} + \dfrac{1}{2}\right) = 2.73 \text{ N} \cdot \text{m}$

2.5　案例分析

　　如图 2-21a 所示为一种省力压剪工具,它由底座 1、下刃 2、上刃 3、手柄 4、连杆 5、上刃刀杆 6 和固定杆 7 组成。其中,上刃和下刃是由碳素工具钢 T12 经热处理后刃磨而成,手柄是由 $\phi30$ mm 钢管制成,底座由铸钢制成。由于利用了二级杠杆放大原理,使用非常省力。证明过程如下。

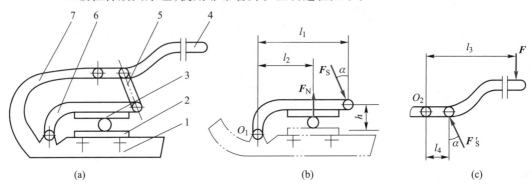

1—底座;2—下刃;3—上刃;4—手柄;5—连杆;6—上刃刀杆;7—固定杆

图 2-21　省力压剪工具

　　解:(1) 取上刃刀杆 6(连同上刃 3)为研究对象,进行受力分析如图 2-21b 所示。

　　由于连杆 5 为二力构件,F_S 为二力构件的作用力,作用线沿连杆 5 与铅垂线夹角为 α,F_N 为被剪物体对上刃的作用力。

　　由力矩平衡方程,可以得到:

$$\sum M_{O1}(\boldsymbol{F}_i) = 0$$

　　代入力,$-(F_S\cos\alpha)l_1-(F_S\sin\alpha)h+F_N l_2=0$

　　(2) 取手柄 4 为研究对象,进行受力分析如图 2-21c 所示。

　　F_S' 为 F_S 的反作用力,且 $F_S'=F_S$,F 为手柄上的作用力。

　　由力矩平衡方程,可以得到:

$$\sum M_{O2}(\boldsymbol{F}_i) = 0$$

　　代入力,$(F_S'\cos\alpha)l_4-Fl_3=0$

联立求解,得到:

$$F_S=F_S'=\frac{l_2}{l_1\cos\alpha+h\sin\alpha}F_N$$

$$F=\frac{l_4}{l_3}\cos\alpha \cdot F_S'=\frac{l_2 l_4\cos\alpha}{l_3(l_1\cos\alpha+h\sin\alpha)}F_N$$

由上述结果可知:若连杆 5 接近垂直状态(即 $\alpha = 0$),力臂 $l_1 > l_2$, $l_3 > l_4$,则:$F_S < F_N$, $F < F_S$,达到了省力的目的。

若假设 $\alpha = 0$, $l_1/l_2 = 3$, $l_3/l_4 = 4$,则 $F = F_N/12$,即手柄上的作用力 F,只有剪切力的十二分之一。

思考题

1. 力的分解与力的投影有何区别?

2. 请简述力偶的基本性质。

3. 力系对于两个不同的简化中心 O_1 及 O_2 的主矩 M_1、M_2 之间存在什么关系?

4. 平面任意力系简化结果(主矢和主矩),根据两者的数值可能会出现几种情况?

5. 一矩式、二矩式和三矩式的适用条件是什么?

6. 判断题:

(1)用解析法求解平面汇交力系的平衡问题时,所取两投影轴必须相互垂直。(   )

(2)平面内的一个力和一个力偶可以合成一个力;反之,一个力也可分解为一个力和一个力偶。(   )

(3)应用力多边形法则求合力时,若按不同顺序画各分力矢量,最后所形成的力多边形形状将是不同的。(   )

(4)平面汇交力系的平衡方程是由直角坐标系导出的,但在实际运算中,可任选两个不垂直也不平行的轴作为投影轴,以简化计算。(   )

(5)平面任意力系向作用面内任一点简化,得到的主矢和主矩的大小都与简化中心位置的选择有关。(   )

7. 填空题:

(1)一对等值、反向、不共线的平行力所组成的力系称为_____。

(2)在力偶的作用面内,力偶对物体的作用效果应取决于组成力偶的反向平行力的大小、力偶臂的大小及力偶的_____。

(3)平面任意力系向作用面内的任意一点(简化中心)简化,可得到一个力和一个力偶,这个力偶的力偶矩等于原力系中各力对简化中心的矩的_____和,称为原力对简化中心的主矩。

(4)平面任意力系向作用面内任一点(简化中心)简化后,所得的主矩一般与简化中心的位置_____。

（5）工程上很多构件的未知约束反力数目多于能列出的独立平衡方程数目,未知约束力就不能全部由平衡方程求出,这样的问题称为_____问题。

习题

1. 如图 2-22 所示,已知梁 AB 上作用一力偶,力偶矩为 M,梁长为 l,梁重不计。求支座 A 和 B 的约束力。

2. 如图 2-23 所示结构中的二曲杆自重不计,曲杆 AB 上作用有主动力偶,其力偶矩为 M,试求点 A 和点 C 处的约束力。

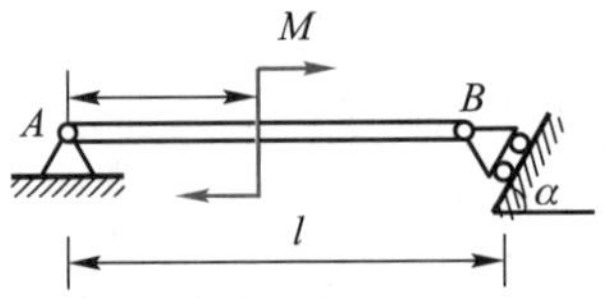

图 2-22　习题 1 附图 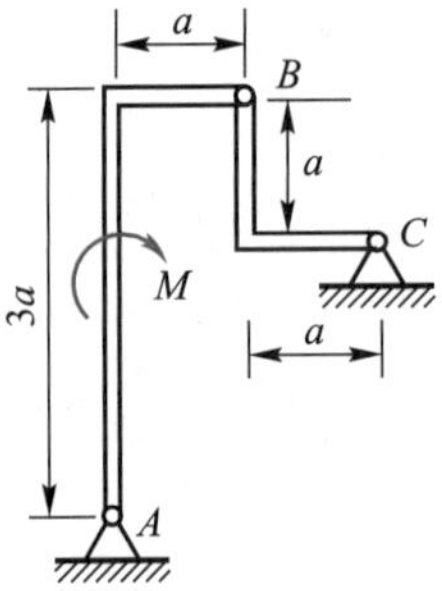　　　图 2-23　习题 2 附图

3. 如图 2-24 所示结构中,各构件的自重都不计,在构件 BC 上作用一力偶矩为 M 的力偶,各尺寸如图。求支座 A 的约束力。

4. 四连杆机构在如图 2-25 所示位置平衡,假设各杆重量不计。已知 $OA=60$ cm,$BC=40$ cm,作用在 BC 上的力偶的力偶矩 $M_2=1$ N·m,试求作用在 OA 上力偶的力偶矩大小 M_1 和杆 AB 所受的内力。

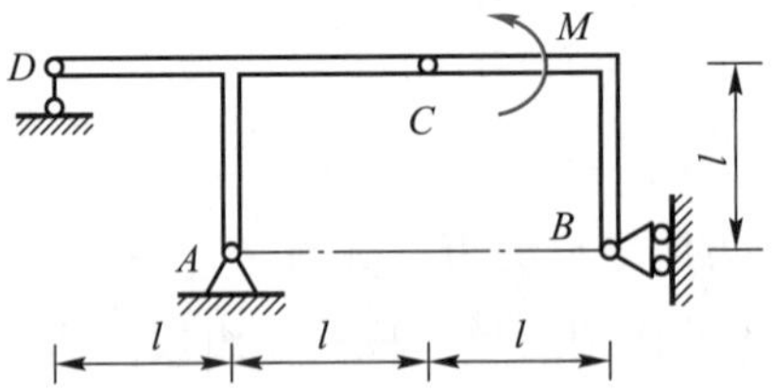

图 2-24　习题 3 附图 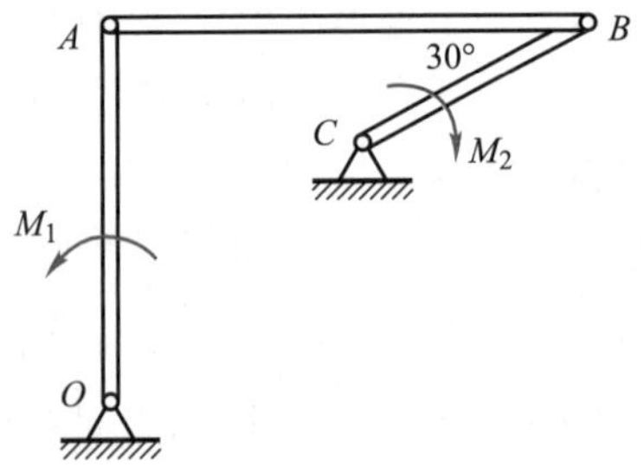　　　图 2-25　习题 4 附图

5. 卧式刮刀离心机的耙料装置如图 2-26 所示。耙齿 D 对物料的作用力是借助于物块 E 的重量产生的。耙齿装在耙杆 OD 上。已知 $OA=50$ mm,$OD=200$ mm,$AB=300$ mm,$BC=CE=150$ mm,物块 E 重 $G=360$ N,试求图示位置作用在耙齿上的力 F 的大小。

6. 如图 2-27 所示的水平梁上作用有力及力偶。已知 $F = 50$ kN，$F_P = 10$ kN，$M = 100$ kN·mm，求此力系向 A 点简化的结果。

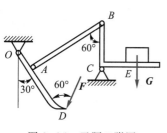

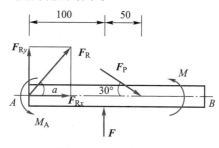

图 2-26　习题 5 附图

图 2-27　习题 6 附图

竞赛题

1. 如图 2-28 所示，x 轴与 y 轴的夹角为 60°，力 F 与 x 轴的夹角为 30°，$F = 1000$ N。则力 F 在 x 轴上的投影为_____；若将力 F 分解为沿 x 方向和 y 方向的分力，则其沿 y 方向的分力大小为_____。（第八届江苏省大学生力学竞赛）

2. 如图 2-29 所示，杆 AC、BC 分别用图 a、b 两种方式联接，不计各处摩擦。若分别受力偶矩为 m_1、m_2 的力偶作用而保持平衡，则图 a 系统中 $m_1 : m_2 =$ _____；图 b 系统中 $m_1 : m_2 =$ _____。（第八届江苏省大学生力学竞赛）

图 2-28　竞赛题 1 附图

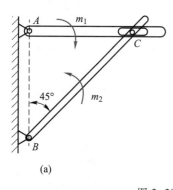

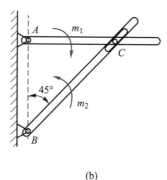

(a)　　　　　　　　(b)

图 2-29　竞赛题 2 附图

3. 如图 2-30 所示，点 A、B、C、D 为边长为 1 m 的正方形的角点，已知一作用在该平面内的平面任意力系向 A、B、C 点简化时的主矩分别为 $M_A = 0$，$M_B = M_C = 50$ N·m，M_B 和 M_C 的转向均为逆时针。则该力系合力的大小为_____，并在图中画出合力作用线的位置和合力的方向。（第八届江苏省大学生力学竞赛）

4. 悬臂刚架如图 2-31 所示,已知力 $F_P = 12$ kN,$F = 6$ kN,则 $\boldsymbol{F}_P$ 与 $\boldsymbol{F}$ 的合力 $\boldsymbol{F}_R$ 对点 A 的矩 $M_A(\boldsymbol{F}_R) =$ _____。(第九届江苏省大学生力学竞赛)

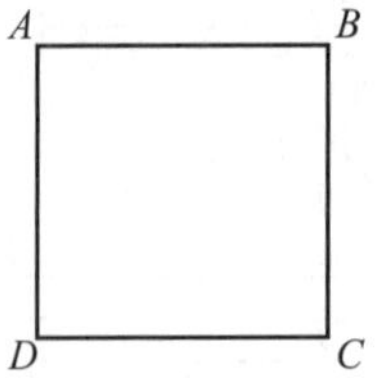

图 2-30　竞赛题 3 附图 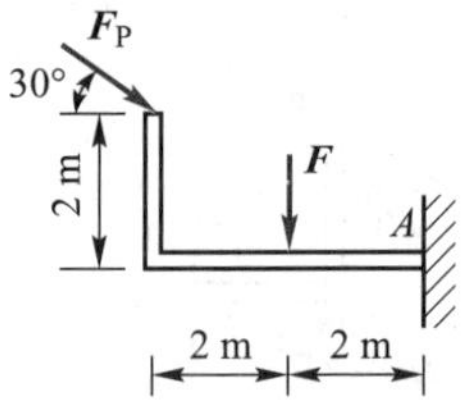　　　　图 2-31　竞赛题 4 附图

5. 如图 2-32 所示吊架 ABC 中,已知 $l_{AB} = 2l_{AC}$,杆 AB 的自重 $G = 200$ N,B 端挂重 $W = 300$ N,则铰链 A 的约束力 $\boldsymbol{F}_A$ 的倾角 $\theta =$ _____。(第六届江苏省大学生力学竞赛)

6. 如图 2-33 所示简易支撑架,C 为 AE 及 BD 之中点,D、E 间用绳联接。若在 D 点受 $F = 500$ kN 的集中力作用,请根据安全与经济的原则,计算论证在 (1)能承受 500 kN 张力的绳和(2)能承受 700 kN 张力的绳中,应选用哪一根? (第六届江苏省大学生力学竞赛)

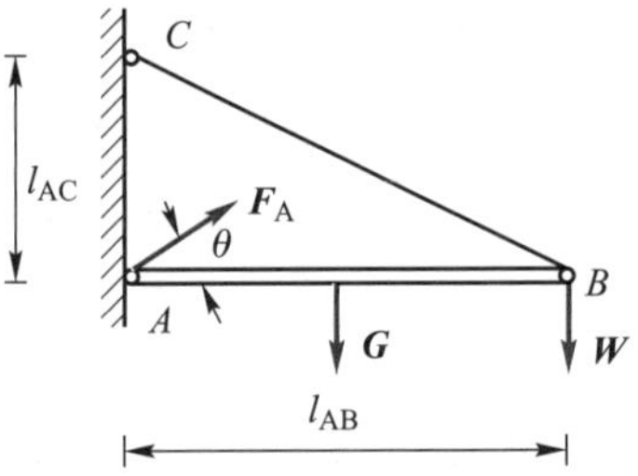

图 2-32　竞赛题 5 附图 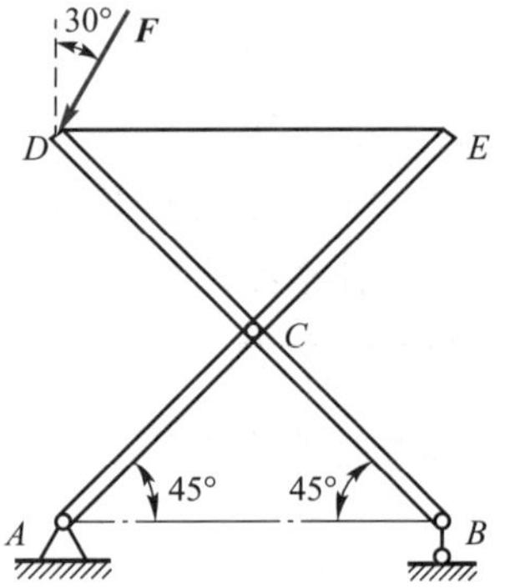　　　　图 2-33　竞赛题 6 附图

7. 平面结构如图 2-34 所示,已知均布荷载集度 q,力偶矩 M 以及尺寸 a,试求固定端 A 处的约束力。(第七届江苏省大学生力学竞赛)

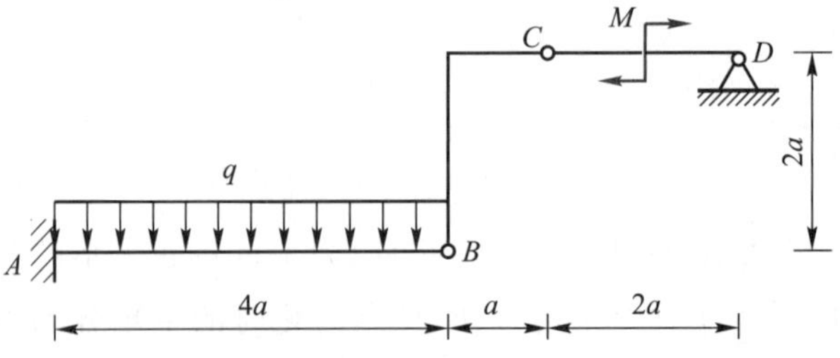

图 2-34　竞赛题 7 附图

8. 如图 2-35 所示大力钳由构件 AC、AB、BD、CDE 通过铰链联接而成,尺寸如图,单位为 mm,各构件自重和各处摩擦不计,若要在 E 处产生 1500 N 的力,则施加的力 F 应为多大?(第七届江苏省大学生力学竞赛)

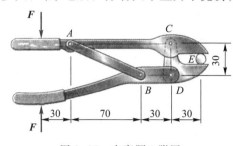

图 2-35　竞赛题 8 附图

第 3 章

静力学专题

学习目标

掌握桁架及其构成,能够运用节点法和截面法求解平面简单桁架的内力。理解滑动摩擦的特点,掌握摩擦角及自锁的概念、原理及其运用,能够在考虑摩擦时,求解平面物系的平衡问题。

单元概述

静力学主要研究物体在力系作用下处于平衡的规律,不涉及物体的运动,其力学模型为刚体。本章的重点包括桁架的力学模型和静滑动摩擦定律,难点是对平面简单桁架进行受力分析,摩擦角及自锁的概念、原理及其运用。

微视频

桁架的
构成

3.1 平面简单桁架的受力分析

3.1.1 桁架的构成

桁架是由一些细长的直杆,按适当方式分别在两端联接而成的,几何形状保持不变的结构。广泛应用于各型起重机、体育场馆、桥梁、输电线铁塔和火箭发射塔等工程结构,如图 3-1 所示。

桁架按材质可分为木质桁架、钢质桁架和钢筋混凝土桁架;按空间形式又

图 3-1 桁架的工程结构

可分为平面桁架和空间桁架,各种类型的桁架结构如图 3-2 所示。

图 3-2 桁架的分类

桁架中,各杆件之间相互联接的部位称为节点,包括木质桁架的榫卯联接、钢质桁架的铆接和焊接,以及钢筋混凝土桁架的浇筑联接等,如图 3-3 所示。这些联接方法产生的约束,主要限制杆件的线位移,而不是角位移,因此均可看作铰链联接。

实际中的桁架,各杆件均有自重,其轴线也不可能是绝对平直的;桁架的节

图 3-3　桁架的节点结构

点不是光滑铰接,其外部的载荷也并非作用在节点上,但这样计算起来比较复杂,通常采用力系等效替换的方法,使所有的载荷均等效至节点上。为了满足工程要求且简化计算,通常对平面桁架进行以下四点假设:

(1) 桁架中各杆件均用光滑的铰链联接。

(2) 桁架中各杆件的轴线都是平直的,且通过铰链中心。

(3) 桁架上承受的外部载荷(主动力及各支座的约束力)均作用在节点上,且在桁架的平面内。

(4) 桁架杆件的重量不计,或平均分配在杆件两端的节点上。

按照上述假设,其计算结果与实际相差不大,可满足工程设计的一般要求。此时,桁架的杆件均为二力构件,这样的桁架称为理想桁架,如图 3-4 所示。

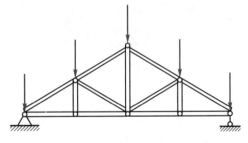

图 3-4　理想桁架

本书只研究平面桁架中的简单桁架,这种桁架的基本单元是由三根杆件和三个节点组成的基本三角形,在此基础上,每增加一个节点需要增加两根杆件。

假设平面简单桁架的总杆件数用 m 表示,总节点数用 n 表示,从基本三角形出发,增加的杆件数与增加的节点数之间的关系为:$m-3=2(n-3)$,即:

$$m=2n-3 \tag{3-1}$$

从解题考虑,平面简单桁架上每个节点处都作用有平面汇交力系,n 个节点共可列出 $2n$ 个平衡方程;而待求的是 m 个杆件的内力以及两个约束力的三个未知量,共计 $m+3$ 个。由式(3-1)可知,平面简单桁架一定是静定桁架。

3.1.2　桁架的受力分析

1. 理想桁架的内力特点

对于理想桁架,由于外载荷作用而引起的杆件内各部分之间相互作用力的改变量称为附加内力或内力。桁架中所有的杆件都是二力构件,受到轴向拉伸或压缩的作用(图 3-5),因此,桁架中每个节点均受到一个平面汇交力系的作用。

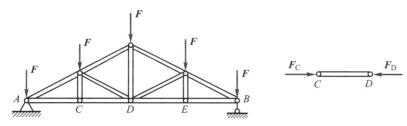

图 3-5　理想桁架的内力特点

2. 受力分析

微视频

节点法求解桁架的内力

平面简单桁架的内力分析有两种方法:节点法和截面法。

(1)节点法。对于平面简单桁架,可以看出每个节点均受到一个平面汇交力系的作用。为了求出所有杆件的内力,可以按一定的顺序,逐个地取每个节点为研究对象,列出其两个独立的平衡方程,由已知力求出全部杆件的内力(未知力),这就是节点法。

节点法的解题步骤为:

① 若桁架杆件较多时,求解前可先对各杆件进行编号。

② 以桁架整体为研究对象,计算作用在桁架上的约束力。

③ 将桁架各杆件全部设成受拉(设正法)。

④ 选取某一节点为研究对象,绘制受力分析图。

⑤ 逐个分析各节点,列出平衡方程求内力。

⑥ 根据计算结果的正负,判断各杆件实际受拉或受压。

【例 3-1】　平面悬臂桁架的受力如图 3-6 所示,已知尺寸 d 和载荷 $F_A=$

47

$10\ \text{kN}, F_E = 20\ \text{kN}$,求各杆件的受力。

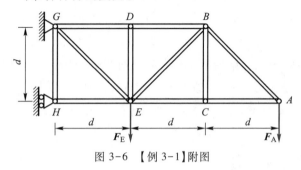

图 3-6　【例 3-1】附图

教学课件

零杆的
判断

解:(1) 对各杆件进行编号,作受力分析如图 3-7a 所示:

由受力分析,可以判断出杆件③和杆件⑦的内力为零(称为零杆);杆件②和杆件⑥的受力相等;杆件④和杆件⑧的受力相等。

(2) 对各节点作受力分析,如图 3-7b~f 所示。

节点 A:$\sum F_{iy} = 0, F_1 \sin 45° - F_A = 0, F_1 = 14.14\ \text{kN}$

$\qquad \sum F_{ix} = 0, F_1 \cos 45° + F_2 = 0, F_2 = -10\ \text{kN}$

节点 C:$F_6 = F_2 = -10\ \text{kN}$

节点 B:$\sum F_{iy} = 0, F_1 \cos 45° + F_5 \cos 45° = 0, F_5 = -14.14\ \text{kN}$

$\qquad \sum F_{ix} = 0, F_1 \sin 45° - F_4 - F_5 \sin 45° = 0, F_4 = 20\ \text{kN}$

节点 D:$F_8 = F_4 = 20\ \text{kN}$

节点 E:$\sum F_{iy} = 0, F_5 \sin 45° + F_9 \sin 45° - F_E = 0, F_9 = 42.43\ \text{kN}$

$\qquad \sum F_{ix} = 0, -F_9 \cos 45° - F_{10} + F_5 \cos 45° + F_6 = 0, F_{10} = -50\ \text{kN}$

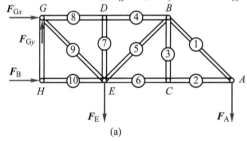

(a)

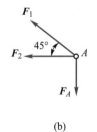

(b)

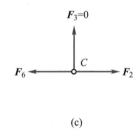

(c)

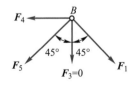

(d)

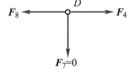

(e)

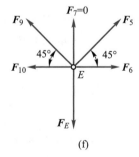

(f)

图 3-7　【例 3-1】桁架杆件的编号及各节点的受力分析图

（2）截面法。若只需求解平面桁架中某几个杆件的内力，可以适当地选择一个截面，假想把桁架截开，以其中一部分为研究对象，求出被截杆件的内力，这就是截面法。

微视频

截面法求解桁架的内力

截面法实际利用的是平面任意力系的平衡条件，由于平面任意力系只能列出三个独立的平衡方程，因此截断部分的杆件一般应不超过三根。

【例 3-2】 用截面法求如图 3-8 所示平面桁架中杆件④、⑤、⑥的内力。

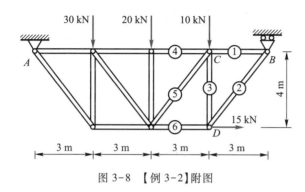

图 3-8 【例 3-2】附图

解：（1）如图 3-9a 所示，以整体为研究对象，计算约束力 F_B：

$$\sum M_A = F_B \times 12\text{ m} + 15\text{ kN} \times 4\text{ m} - (30\text{ kN} \times 3\text{ m} + 20\text{ kN} \times 6\text{ m} + 10\text{ kN} \times 9\text{ m}) = 0,$$
$$F_B = 20\text{ kN}$$

（2）如图 3-9a 所示取假想截面，并取截面的右半部分作为研究对象，如图 3-9b 所示。

$$\sum M_C = 0, -F_6 \times 4\text{ m} + 15\text{ kN} \times 4\text{ m} + F_B \times 3\text{ m} = 0, \quad F_6 = 30\text{ kN}$$

$$\sum F_{iy} = 0, F_B - 10\text{ kN} - F_5 \times \frac{4}{5} = 0, \quad F_5 = 12.5\text{ kN}$$

$$\sum F_{ix} = 0, -F_4 - F_5 \times \frac{3}{5} - F_6 + 15\text{ kN} = 0, \quad F_4 = -22.5\text{ kN}$$

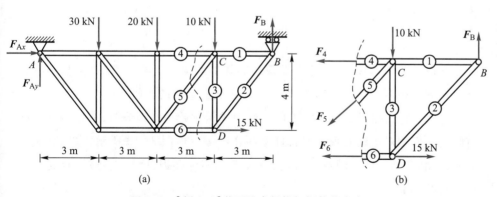

图 3-9 【例 3-2】截面法求解桁架杆件的内力

【例 3-3】　如图 3-10 所示,已知桁架的载荷 F 和尺寸 d,试用截面法求杆件 FK 和 JO 的内力。

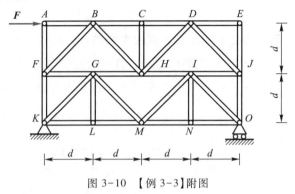

图 3-10　【例 3-3】附图

解:如图 3-11 所示,取假想截面,并取截面的上半部分作为研究对象。

$$\sum M_J=0,F_{FK}\times 4d-Fd=0,F_{FK}=F/4$$

$$\sum F_{iy}=0,F_{FK}+F_{JO}=0,F_{JO}=-F/4$$

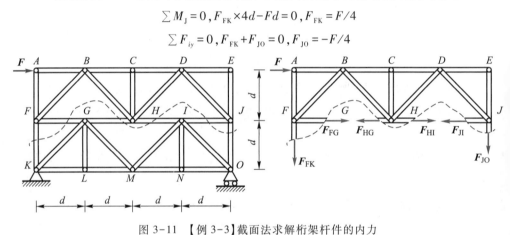

图 3-11　【例 3-3】截面法求解桁架杆件的内力

微视频

滑动摩擦

3.2　滑动摩擦

在前两章中,始终没有考虑摩擦对物体的影响。事实上,摩擦是自然界普遍存在的一种客观物理现象,在现实生活中起着重要的作用。

当两物体沿接触面的切线方向有运动或相对运动的趋势时,在接触面之间有阻碍它们相对运动的现象或特性就叫作摩擦。如图 3-12 所示,摩擦有利也有弊,有利者如机械制动或带传动;有弊者如零件磨损,摩擦生热,严重时还会引起安全事故。

摩擦根据相对运动的形式,可分为滑动摩擦和滚动摩擦。本章只研究滑动摩擦及在其影响下的物体受力平衡问题。

图 3-12　摩擦的利与弊

3.2.1　滑动摩擦及其特点

两个表面粗糙的物体,当其接触面之间有相对滑动或相对滑动趋势时,彼此作用有阻碍相对滑动的切向阻力,称为滑动摩擦力。滑动摩擦力作用于相互接触处,其方向与相对滑动或相对滑动趋势相反,其大小根据主动力的变化而变化。

为研究滑动摩擦的基本规律,在粗糙的水平面上放置一物体,该物体在重力 W 和法向约束力 F_N 的作用下处于静止状态,如图 3-13a 所示。在该物体上作用一个大小可变化的水平拉力 F,如图 3-13b~d 所示,当拉力 F 由零逐渐增加时,该物体的滑动摩擦力变化存在三种状态:静滑动摩擦力,最大静滑动摩擦力和动滑动摩擦力,以下分别对这三个阶段的摩擦力进行分析和研究。

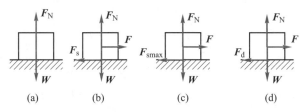

图 3-13　滑动摩擦

1. 静滑动摩擦力

当拉力 F 由零逐渐增大,物体虽有向右的滑动趋势,但仍保持静止时,说明支承面上有阻碍物体沿水平面滑动的切向阻力,该力即为静滑动摩擦力,简称静摩擦力,用 F_s 表示,如图 3-13b 所示。

静摩擦力产生于两个相互接触、有相对滑动趋势的物体之间,其方向与物体相对滑动趋势的方向相反,其大小由平衡条件确定,即:

$$\sum F_{ix} = 0 \qquad F - F_s = 0$$
$$F_s = F \tag{3-2}$$

由上式可知,静摩擦力的大小随拉力 F 的增大而增大。

2. 最大静滑动摩擦力

静摩擦力 F_s 的大小随拉力 F 的变化不是无限度的。当力 F 增大到一定数值时,物体处于将要滑动,但尚未开始滑动的临界状态,如图 3-13c 所示。此时,静摩擦力达到最大值,即为最大静滑动摩擦力,简称最大静摩擦力,以 F_{smax} 表示。当静摩擦力达到最大静摩擦力时,如果继续增大拉力 F,静摩擦力将不再随之增大,物体将失去平衡而滑动。因此,静摩擦力 F_s 的大小在零与最大静摩擦力之间,即:

$$0 \le F_s \le F_{smax} \tag{3-3}$$

大量实验证明:最大静摩擦力的大小与两物体间的法向约束力成正比,即:

$$F_{smax} = f_s F_N \tag{3-4}$$

这就是静滑动摩擦定律,又称为库仑定律。式(3-4)中 f_s 是比例常数,称为静摩擦因数。其数值与两物体的材料、接触表面的粗糙程度以及工作温度和湿度等有关,可由实验测定。各种材料的静摩擦因数可在工程手册中查得,表3-1中列出了部分常用材料的静摩擦因数。

表 3-1　常用材料的滑动摩擦因数

材料名称	静摩擦因数		动摩擦因数	
	无润滑	有润滑	无润滑	有润滑
钢-钢	0.15	0.1~0.12	0.15	0.05~0.1
钢-软钢	—	—	0.2	0.1~0.2
钢-铸铁	0.3	—	0.18	0.05~0.15
钢-青铜	0.15	0.1~0.15	0.15	0.1~0.15
软钢-铸钢	0.2	—	0.18	0.05~0.15
软钢-青铜	0.2	—	0.18	0.07~0.15
铸铁-铸铁	—	0.18	0.15	0.07~0.12
铸铁-青铜	—	—	0.15~0.2	0.07~0.15
青铜-青铜	—	0.1	0.2	0.07~0.1
皮革-铸铁	0.3~0.5	0.15	0.6	0.15
橡胶-铸铁	—	—	0.8	0.5
木材—木材	0.4~0.6	0.1	0.2~0.5	0.07~0.15

3. 动滑动摩擦力

当静摩擦力达到最大静摩擦力时,如果拉力 **F** 继续增大,则物体不再保持平衡而出现相对滑动,如图 3-13d 所示。此时,相互接触的物体之间作用有阻碍相对滑动的阻力,这种阻力称为动滑动摩擦力,简称为动摩擦力,用 **F**$_d$ 表示。其方向与相对滑动的方向相反,大小与两物体接触面之间的正压力成正比,即:

$$F_d = f F_N \tag{3-5}$$

式中 f 是动摩擦因数,其数值不仅与两物体的材料、接触表面的粗糙程度以及工作温度和湿度等有关,还与接触物体之间相对滑动的速度大小有关。但在一般工程计算中影响很小,可近似地认为是个常数,部分常用材料的动摩擦因数见表 3-1。一般来讲,动摩擦因数略小于静摩擦因数,即 $f < f_s$。

滑动摩擦力是一种约束力,它具有一般约束力的共性,即随主动力的增大而增大。但是,它与一般约束力又有不同之处:滑动摩擦力不能随主动力的增大而无限度地增大,其变化规律如图 3-14 所示。

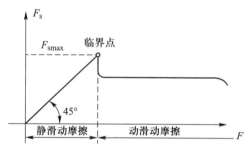

图 3-14 滑动摩擦力的变化规律

3.2.2 摩擦角与自锁

1. 摩擦角

在考虑摩擦力的情况下,物体处于静止,水平面对该物体的约束力由法向约束力 **F**$_N$ 与切向静摩擦力 **F**$_s$ 组成。这两个分力的合力 **F**$_{RA}$ 称为全约束力,它的作用线与接触面的公法线成一偏角 α,如图 3-15a 所示。偏角 α 的值随静摩擦力的增大而增大。当物体处于平衡的临界状态,即静摩擦力达到最大静摩擦力时,偏角 α 也达到最大值 φ,如图 3-15b 所示。全约束力与法线间的夹角的最大值 φ 称为摩擦角。

由图 3-15b 所示可知:

$$\tan \varphi = \frac{F_{smax}}{F_N} = \frac{f_s F_N}{F_N} = f_s \tag{3-6}$$

上式表明,摩擦角的正切值等于静摩擦因数。可见,摩擦角与摩擦因数一样,都是表示材料表面性质的物理量。

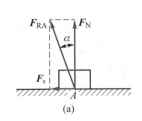 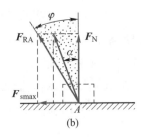 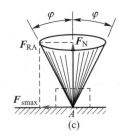

(a)	(b)	(c)

图 3-15　摩擦角与摩擦锥

当物体的滑动趋势方向发生改变时,全约束力作用线的方向也随之改变。在临界状态下,F_{RA} 的作用线将是一个以接触点 A 为顶点的锥面,如图 3-15c 所示,称为摩擦锥。若物体与水平面间沿任意方向的摩擦因数都相同,即摩擦角相同时,则摩擦锥是一个顶角为 2φ 的圆锥。

2. 自锁

物体静止时,静摩擦力在零与最大静摩擦力之间变化,所以全约束力与法线间的夹角 α 也在零与摩擦角之间变化,即:

$$0 \leqslant \alpha \leqslant \varphi \tag{3-7}$$

由于静摩擦力不可能超过最大静摩擦力,所以全约束力的作用线位置也不可能超出摩擦角范围,即全约束力必在摩擦角之内。由此可知,如果作用于物体的所有主动力的合力 F_R 的作用线在摩擦角 φ 之内,则无论该合力多大,总有全约束力 F_{RA} 与其平衡,物体始终保持静止。这种现象称为自锁现象。

如图 3-16 所示,将一重为 G 的物体放在斜面上,逐渐增大斜面的倾角 α,直至物体在主动力即重力 G 作用下处于即将下滑而又未下滑的临界静止状态。由物体的平衡条件可知,重力 G 与全约束力 F_{RA} 必共线,且有 $\alpha = \varphi$。在此过程中,全约束力 F_{RA} 与斜面法线的夹角 α 从零逐渐增大到摩擦角 φ,无论物体的重力 G 多大,总有全约束力 F_{RA} 与其平衡,物体自锁。反之,若重力的作用线与斜面的法线之间的夹角超过摩擦角,则不论重力多小,物体必会向下滑。

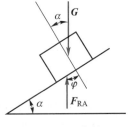

图 3-16　自锁

由此可得出物体的自锁条件:当作用在物体上的主动力的合力 F_R 的作用线与接触面法线之间的夹角小于或等于摩擦角时,物体总能保持静止。这就是物体在一般情况下的自锁条件,即:

$$\alpha \leqslant \varphi \tag{3-8}$$

在工程实际中,很多设计都应用自锁的原理。如图 3-17 所示的螺旋装置中,螺纹可以看成绕在一个圆柱体上的斜面,螺母相当于斜面上的物体,当利用该装置顶起重物时,在满足自锁条件,即 $\alpha \leqslant \varphi$ 的情况下,顶起的重物就不会掉下来。

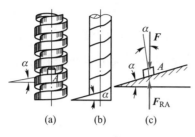

图 3-17　螺旋装置

【例 3-4】　物体 A 重为 G,放在倾角为 α 的斜面上,它与斜面间的摩擦因数为 f_s,如图 3-18a 所示。当物体 A 处于平衡时,试求水平力 F_1 的大小。

解:当物体 A 处于向上滑动趋势的临界状态时,水平力 F_1 有最大值设为 F_{1max},将物体所受的法向约束力和最大静摩擦力用全约束力 F_{RA} 来代替,这时物体在 G、F_{RA}、F_{1max} 三个力的作用下处于平衡状态,受力情况如图 3-18a 所示。用平面汇交力系合成的几何法,可画得如图 3-18b 所示的力三角形。求得水平力 F_{1max} 为:

$$F_{1max} = G\tan(\alpha+\varphi)$$

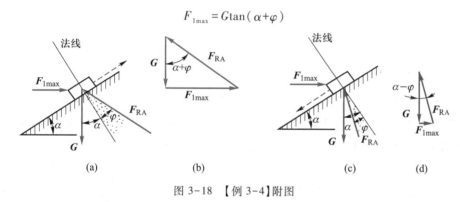

图 3-18　【例 3-4】附图

当物体 A 处于向下滑动趋势的临界状态时,如图 3-18c 所示,水平力 F_1 有最小值设为 F_{1min}。同理,可画得如图 3-18d 所示的力三角形。求得水平力 F_{1min} 为:

$$F_{1min} = G\tan(\alpha-\varphi)$$

综合上述两个结果,可得力 F_1 的平衡范围 $F_{1min} \leqslant F_1 \leqslant F_{1max}$,即:

$$G\tan(\alpha-\varphi) \leqslant F_1 \leqslant G\tan(\alpha+\varphi)$$

按三角公式展开上式中的 $\tan(\alpha-\varphi)$ 和 $\tan(\alpha+\varphi)$,得:

$$G\frac{\tan\alpha-\tan\varphi}{1+\tan\alpha\tan\varphi} \leqslant F_1 \leqslant G\frac{\tan\alpha+\tan\varphi}{1-\tan\alpha\tan\varphi}$$

由摩擦角定义可得,$\tan\varphi = f_s$,又 $\tan\alpha = \sin\alpha/\cos\alpha$,代入上式,得:

$$G\frac{\sin\alpha-f_s\cos\alpha}{\cos\alpha+f_s\sin\alpha}\leqslant F_1\leqslant G\frac{\sin\alpha+f_s\cos\alpha}{\cos\alpha-f_s\sin\alpha}$$

此例中,若斜面的倾角小于摩擦角,即 $\alpha<\varphi$ 时,水平力 $F_{1\min}$ 为负值。说明,此时物体不需要力 F_1 就能静止于斜面上。并且不论重力 G 多大,物体也不会下滑,物体自锁。

微视频
考虑摩擦时的平衡问题

3.3 考虑摩擦时的平衡问题

考虑摩擦时,物体平衡问题的解题特点及步骤如下。

(1)受力分析时,除主动力和约束力外,还必须考虑摩擦力,通常增加了未知量的数目。

(2)需判断此时物体所处的状态,是平衡状态还是临界状态。

(3)由于 $0\leqslant F_s\leqslant F_{s\max}$,一般应先假设物体处于临界状态。

(4)一般情况下,滑动摩擦力的方向是不能任意假定的,必须根据物体的运动趋势,正确判断其方向。

平衡状态下,F_s 由平衡条件确定,并满足 $0\leqslant F_s\leqslant F_{s\max}$;临界状态下,$F_s$ 为一定值,并满足 $F_s=F_{s\max}=f_sF_N$。若求出的 $F_s>F_{s\max}$,则说明物体处于运动状态、承受动摩擦力。

【例 3-5】 物体 A 重 $G=1500$ N,放于倾角为 $30°$ 的斜面上,它与斜面间的静摩擦因数 $f_s=0.2$,动摩擦因数 $f=0.18$。物体 A 受水平力 $F=400$ N,如图 3-19 所示。问物体 A 是否静止,并求此时摩擦力的大小及方向。

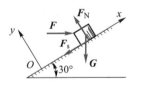

图 3-19 【例 3-5】附图

解:取物体 A 为研究对象,假设摩擦力沿斜面向下,受力如图 3-19 所示。

列平衡方程:

$$\sum F_{ix}=0,\quad -G\sin 30°+F\cos 30°-F_s=0$$

$$\sum F_{iy}=0,\quad -G\cos 30°-F\sin 30°+F_N=0$$

代入数值,解得静摩擦力和法向约束力分别为:

$$F_s=-403.59\text{ N}\qquad F_N=1499.04\text{ N}$$

F_s 为负值,说明平衡时摩擦力与所假设的方向相反,即沿斜面向上。

此时最大静摩擦力为:

$$F_{s\max}=f_sF_N=299.81\text{ N}$$

由于 $|F_s|>F_{s\max}$,所以此物体 A 不可能静止在斜面上,而是沿斜面下滑。此时的摩擦力应为动摩擦力,方向沿斜面向上,其大小为:

$$F_d = f F_N = 269.83 \text{ N}$$

该例题为判别物体静止与否的问题,解决此类问题时,应先假定物体处于静止状态并假设摩擦力的方向,然后应用平衡方程求得物体的摩擦力,将其与最大静摩擦力进行比较,即可确定物体是否处于静止状态,以及相应摩擦力的种类和大小。

上述例题研究了滑动形式的临界状态,实际上还有一种翻倒形式的临界状态。

【例 3-6】 如图 3-20 所示均质箱体的宽度 $b = 1$ m,高 $h = 2$ m,重 $W = 20$ kN,放在倾角 $\theta = 20°$ 的斜面上。箱体与斜面之间的静摩擦因数 $f_s = 0.20$。今在箱体的点 C 处系一软绳,作用一个与斜面成 $\varphi = 30°$ 的拉力 F。已知 $BC = a = 1.8$ m,问拉力 F 为多大时,才能保证箱体处于平衡状态。

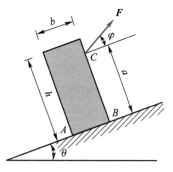

图 3-20 【例 3-6】附图

解:(1)设箱体处于向下滑动的临界平衡状态,其受力如图 3-21a 所示。

$$\sum F_{ix} = 0, \quad F\cos\varphi + F_s - W\sin\theta = 0$$

$$\sum F_{iy} = 0, \quad F_N - W\cos\theta + F\sin\varphi = 0$$

$$F_s = f_s F_N$$

代入方程得:

$$F = \frac{\sin\theta - f_s\cos\theta}{\cos\varphi - f_s\sin\varphi} \cdot W = 4.02 \text{ kN}$$

即:当拉力 $F = 4.02$ kN 时,箱体处于向下滑动的临界平衡状态。

(2)设箱体处于向上滑动的临界平衡状态,其受力如图 3-21b 所示。

$$\sum F_{ix} = 0, \quad F\cos\varphi - F_s - W\sin\theta = 0$$

$$\sum F_{iy} = 0, \quad F_N - W\cos\theta + F\sin\varphi = 0$$

$$F_s = f_s F_N$$

代入方程得:

$$F = \frac{\sin\theta + f_s\cos\theta}{\cos\varphi + f_s\sin\varphi} \cdot W = 11.0 \text{ kN}$$

即:当拉力 $F = 11.0$ kN 时,箱体处于向上滑动的临界平衡状态。

(3)设箱体处于绕左下角点 A 向下翻的临界平衡状态,其受力如图 3-21c 所示。

$$\sum M_A = 0, \quad b \cdot F\sin\varphi - a \cdot F\cos\varphi + \frac{h}{2} \cdot W\sin\theta - \frac{b}{2} \cdot W\cos\theta = 0$$

$$F = \frac{b\cos\theta - h\sin\theta}{b\sin\varphi - a\cos\varphi} \cdot \frac{W}{2} = -2.41 \text{ kN}$$

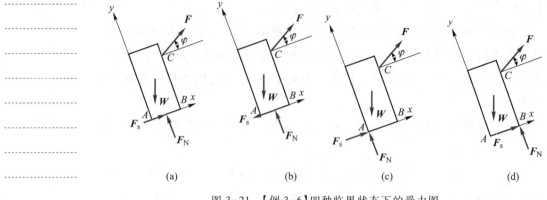

$$(a) \qquad (b) \qquad (c) \qquad (d)$$

图 3-21　【例 3-6】四种临界状态下的受力图

负号表示 F 为推力时才可能使箱体向下翻倒,因软绳只能传递拉力,故箱体不可能向下翻倒。

（4）设箱体处于绕右下角 B 向上翻的临界平衡状态,其受力如图 3-21d 所示。

$$\sum M_{\mathrm{B}} = 0, \quad -a \cdot F\cos\varphi + \frac{h}{2} \cdot W\sin\theta + \frac{b}{2} \cdot W\cos\theta = 0$$

$$F = \frac{b\cos\theta + h\sin\theta}{a\cos\varphi} \cdot \frac{W}{2} = 10.42 \text{ kN}$$

综合上述四种状态可知,要保证箱体处于平衡状态,拉力 F 必须满足:

$$4.02 \text{ kN} \leqslant F \leqslant 10.42 \text{ kN}$$

3.4　案例分析

如图 3-22a 所示为攀登电线杆用的脚套钩,已知套钩的尺寸 l,电线杆直径 D,静滑动摩擦因数 f_s,求套钩不致下滑时,脚踏力 F 的作用线与电线杆中心线的距离 d。

解 1（解析法）:绘制套钩在临界状态的受力分析如图 3-22b 所示。

$$\sum F_{ix} = 0, \quad F_{\mathrm{NB}} - F_{\mathrm{NA}} = 0$$

$$\sum F_{iy} = 0, \quad F_{\mathrm{sA}} + F_{\mathrm{sB}} - F = 0$$

$$\sum M_{\mathrm{A}}(F) = 0, \ F_{\mathrm{NB}} \cdot l + F_{\mathrm{sB}} \cdot D - F\left(d + \frac{D}{2}\right) = 0$$

假设 A、B 两处达到最大静摩擦力,有:

$$F_{\mathrm{sA}} = F_{\mathrm{sAmax}} = f_s F_{\mathrm{NA}} \qquad F_{\mathrm{sB}} = F_{\mathrm{sBmax}} = f_s F_{\mathrm{NB}}$$

联立求解,得到:$d = l/(2f_s)$。

经判断:$d \geqslant l/(2f_s)$。

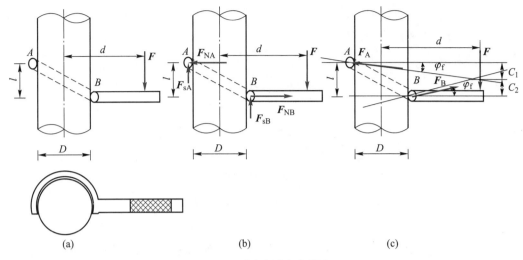

图 3-22 【案例分析】附图

解 2(几何法):利用摩擦角,画出临界状态的全约束力如图 3-22c 所示。

$$C_1 + C_2 = l, \quad \left(d + \frac{D}{2}\right)\tan\varphi_f + \left(d - \frac{D}{2}\right)\tan\varphi_f = l$$

$$2d\tan\varphi_f = l, \quad d = \frac{l}{2f_s}$$

若 $d \geq l/(2f_s)$,F_A 和 F_B 必然位于摩擦角的范围之内。

因此:$d \geq l/(2f_s)$。

思考题

1. 请判断如图 3-23 所示桁架中的零杆。

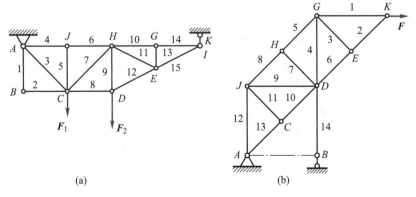

图 3-23 思考题 1 附图

2. 不求外约束力,运用截面法求如图 3-24 所示桁架中 7 号杆件的内力,选择截面并列出平衡方程。

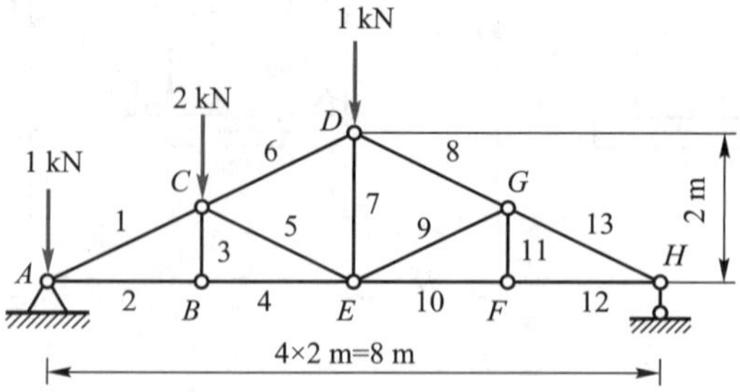

图 3-24　思考题 2 附图

3. 如图 3-25 所示物块重 5 kN,与水平面间的摩擦角为 35°,今用力 F 推动物块,$F=5$ kN,则物块的平衡状态如何。

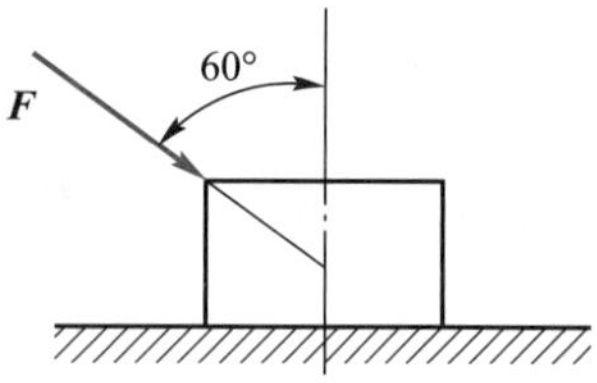

4. 判断题:

(1) 组成桁架的各杆件都是直杆,杆端用光滑铰链联接,只要杆的质量均匀分布,在计算桁架的内力时,无论计杆的重力还是不计杆重力,每一杆件都可看成二力杆。(　　)

图 3-25　思考题 3 附图

(2) 因为摩擦有害,所以要想办法来减小摩擦力。(　　)

(3) 求最大静摩擦力时,用到的物体所受到的正压力不一定与物体的重量相等。(　　)

(4) 摩擦角就是表征材料摩擦性质的物理量。(　　)

(5) 全约束力的作用线必须位于摩擦锥顶角以外的范围,物体才不致滑动。(　　)

5. 填空题:

(1) 假设桁架都用光滑铰链联接,且所有外力都集中作用在节点上,杆件自重不计,故每一根杆都是_____。

(2) 用节点法或截面法求桁架的内力时,习惯上往往假定每一杆件的受力总是背离节点,如果计算的结果为负值,则表示杆件受力性质为_____。

(3) 摩擦角的正切值等于_____。

(4) 全约束力与接触表面的法线间的夹角 φ 随摩擦力增大而_____。

(5) 临界摩擦力的大小与两接触物体间的_____成正比。

习题

1. 如图 3-26 所示,试用节点法求出桁架中所有杆件的内力。

2. 如图 3-27 所示,已知外载荷 F 以及各杆件的长度,请计算杆件 DG 的内力。

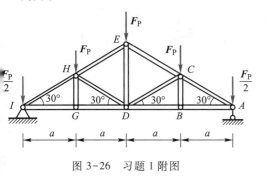

图 3-26　习题 1 附图

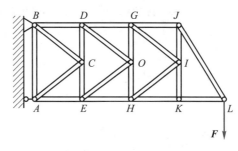

图 3-27　习题 2 附图

3. 如图 3-28 所示,试求平面桁架中 1~3 号杆件的内力。

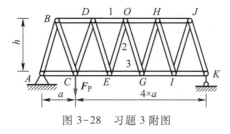

图 3-28　习题 3 附图

4. 如图 3-29a 所示,一梯子重为 G_1,长为 l,上端 B 靠在光滑的铅直墙面上,梯子与水平面的夹角为 α,其间的静摩擦因数为 f_s。一重为 G_2 的人沿梯子向上攀登。试求:

(1) 人攀登至梯子的中点 C 时,梯子所受的摩擦力的大小和方向及 A、B 处法向约束力 F_A、F_B 的大小,设此时摩擦力未达到最大值。

(2) 人所能达到的最高点 D 与 A 点间的距离 s。

(3) 欲使人攀登到梯子的顶点 B 处,此时梯子与地面间摩擦因数 f_s 最少应为多少才不至于发生危险。

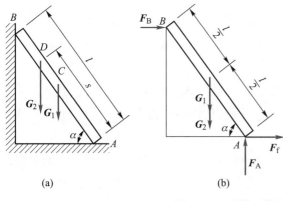

(a)

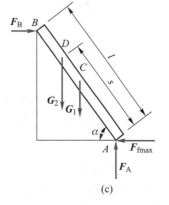

(b)　　　　　　(c)

图 3-29　习题 4 附图

5. 如图 3-30 所示的摩擦制动器的制动轮半径 $R=0.4$ m,鼓轮半径 $r=0.2$ m,两轮为一整体。制动轮与闸瓦之间的静摩擦因数 $f_s=0.6$,重物的重量 $G=300$ N。尺寸 $a=0.6$ m,$b=0.8$ m,$c=0.3$ m。试求能使鼓轮停止转动所必需的最小压力 F_P。

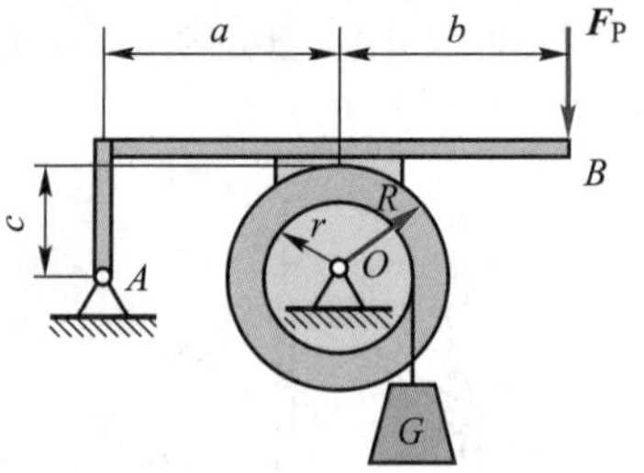

图 3-30　习题 5 附图

竞赛题

1. 如图 3-31 所示平面桁架中,已知 a 及 $F_1=F_2=F$,则杆 AB 的内力为_____(请填入编号,下同),杆 CD 的内力为_____,杆 EG 的内力为_____。(第五届江苏省大学生力学竞赛)

① 0　　② F　　③ $-F$　　④ $\dfrac{\sqrt{2}}{2}F$

2. 平面桁架受力和尺寸如图 3-32 所示,已知 F 和 a,则杆 1 的内力 F_{N1} 为_____,杆 2 的内力 F_{N2} 为_____。(第七届江苏省大学生力学竞赛)

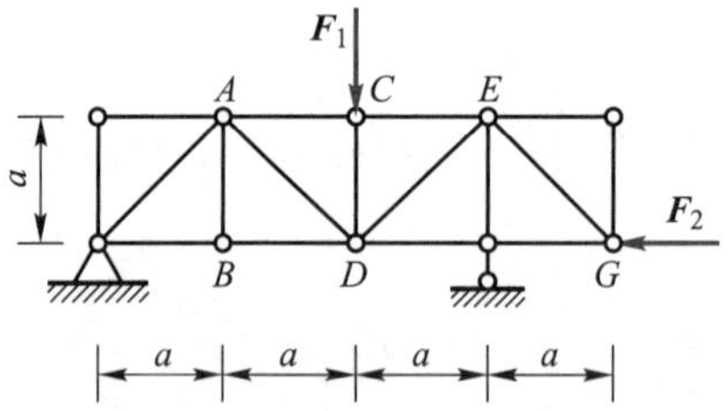

图 3-31　竞赛题 1 附图

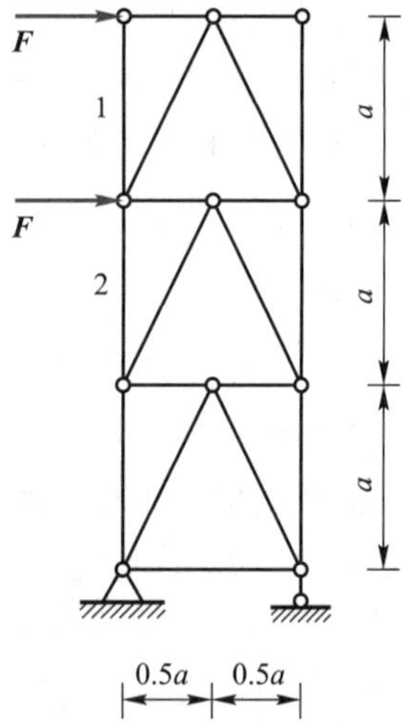

图 3-32　竞赛题 2 附图

3. 如图 3-33 所示平面桁架受到外载荷 F_1、F_2、F_3 的作用,已知 $F_1=F_2=F_3=F$,则 AB 杆的内力大小为_____,CD 杆的内力大小_____。(第八届江苏省大学生力学竞赛)

4. 如图 3-34 所示,置于铅垂面内的均质正方形薄板重 G,与地面间的静摩擦因数为 0.5,在 A 处作用力 F。欲使板静止不动,则力 F 的最大值为_____(请填入编号)。(第五届江苏省大学生力学竞赛)

① $\sqrt{2}\,G$ ② $\dfrac{\sqrt{2}}{2}G$ ③ $\dfrac{\sqrt{2}}{3}G$ ④ $\dfrac{\sqrt{2}}{4}G$

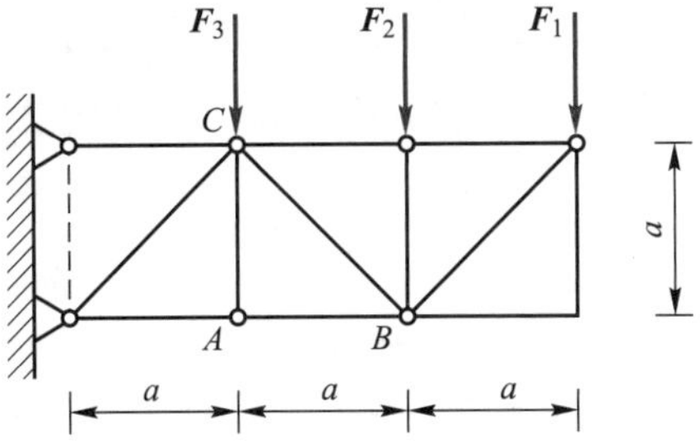

图 3-33 竞赛题 3 附图 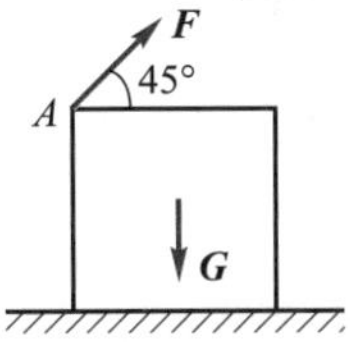   图 3-34 竞赛题 4 附图

5. 如图 3-35 所示,两重量均为 G 的小立方块 A、B 用一不计重量的细杆联接,放置在水平桌面上。已知力 F 作用于 A 块上,立方块与桌面间的静摩擦因数为 f_{s},则使系统保持平衡的 F 力的最大值为_____。(第九届江苏省大学生力学竞赛)

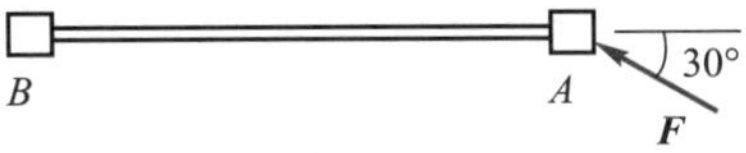

图 3-35 竞赛题 5 附图

第 4 章

杆件的内力分析

学习目标

了解轴向拉压、剪切、扭转和弯曲变形时的受力及变形特点,了解其计算简图,熟练掌握内力的计算及内力图的绘制。

单元概述

内力与构件的强度及刚度等问题密切相关,为构件承载能力分析奠定基础。本章的重点是构件产生四种基本变形时内力的计算和内力图的绘制,难点是弯曲变形时弯矩图的特点。

4.1 内力的概念

当构件未受到外力作用时,其内部各质点之间存在着相互作用的内力,这种内力相互平衡,使得各质点之间保持一定的相对位置,在宏观上保持构件的形状。当构件受到外力的作用而产生变形时,其内部各质点之间的相对位置随即发生变化,说明它们之间相互作用的内力也发生了改变。本课程所讨论的内力是指由于外力作用而引起的构件内部各质点之间相互作用的内力的改变量,称为"附加内力",简称内力。内力总是与构件的变形同时产生,并随外力的增加而增大,当到达某一限度时就会引起构件的破坏,因而它与构件的强度、刚度等问题是密切相关的。

计算构件内力的基本方法是截面法,截面法是利用假想的截面将构件分成两部分,任取其一建立平衡方程,以确定截面上内力的方法,其步骤可归纳如下:

(1)截。沿需要求解内力的截面,假想地将构件分成两部分,任取其一(一般取受力较简单的部分)作为研究对象,将另一部分移去。

(2)代。用作用于截面上的内力代替移去部分对留下部分的作用,根据连续性假设,此时的内力应连续分布于整个截面,表现为分布内力,此分布内力的合力(力或力偶)称为该截面上的内力。

(3)平。对留下的部分建立平衡方程,确定未知的内力。

微视频
杆件轴向拉(压)时的内力

4.2 杆件轴向拉(压)时的内力分析

工程实际中经常遇到承受轴向拉伸或压缩的杆件,如图 4-1 所示斜拉桥中的拉索和桁架结构中的拉压杆等。

(a)斜拉桥　　　　　　　　　(b)桁架结构

图 4-1　轴向拉伸或压缩时的杆件

承受轴向拉伸或压缩的杆件简称为拉(压)杆,实际拉(压)杆的形状、加载及联接方式各不相同,但都可简化成如图 4-2 所示的计算简图,其共同特点是:作用于杆件上外力之合力的作用线与杆件的轴线重合;杆件的主要变形是沿轴线方向的伸长或缩短,同时横向尺寸也随之发生变化。

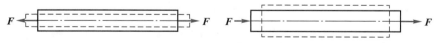

图 4-2　拉(压)杆的计算简图

以如图 4-3a 所示为例,应用截面法求解杆件横截面 *1—1* 上的内力。假想地沿 *1—1* 截面把杆件截开,取左段为研究对象进行受力分析(图 4-3b)并列出平衡方程:

$$\sum F_{ix} = 0, F_N - F = 0$$

$$F_N = F$$

由于内力 F_N 的作用线与杆件的轴线重合,故 F_N 称为轴力。

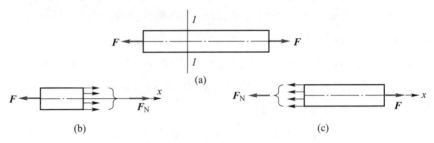

图 4-3　轴向拉伸内力分析图

若取杆件右段为研究对象(图 4-3c),同样可求得轴力 $F_N = F$,但其方向与用左段求出的轴力方向相反。为了使两种算法得到的同一截面上的轴力不仅数值相等,而且符号也相同,规定轴力的正负号如下:当轴力的方向与横截面的外法线方向一致时,杆件受拉伸长,轴力为正;反之,杆件受压缩短,轴力为负。显然,如图 4-3 所示 1—1 横截面上的轴力为正。在计算轴力时,通常未知轴力先按正向假设,若计算结果为正,则表示轴力的实际指向与所设指向相同,轴力为拉力;若计算结果为负,则表示轴力的实际指向与所设指向相反,轴力为压力。

实际问题中,杆件所受外力较复杂,此时杆件各横截面上的轴力不尽相同。为了表示轴力随横截面位置的变化情况,可用平行于轴线的坐标 x 表示横截面的位置,以垂直于轴线的坐标 y 表示相应横截面上的轴力 F_N 的数值(按适当比例),绘出轴力与横截面位置关系的图线,称为轴力图,也称 F_N 图。通常将正的轴力画在 x 轴的上方,负的轴力画在 x 轴的下方。

【例 4-1】 一杆件所受外力经简化后,其计算简图如图 4-4 所示,试求各段截面上的轴力并画出轴力图。

解:(1)求横截面 1—1、2—2、3—3 上的轴力。

在第 1 段杆内,取左段为研究对象:

$$\sum F_x = 0, \ 2 \ \text{kN} + F_{N1} = 0$$

$$F_{N1} = -2 \ \text{kN}$$

在第 2 段杆内,取左段为研究对象:

$$\sum F_{ix} = 0, \ 2 \ \text{kN} - 3 \ \text{kN} + F_{N2} = 0,$$

$$F_{N2} = 1 \ \text{kN}$$

在第 3 段杆内,取左段为研究对象:

$$\sum F_{ix} = 0, 2 \ \text{kN} - 3 \ \text{kN} + 4 \ \text{kN} + F_{N3} = 0,$$

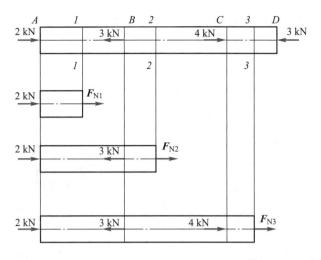

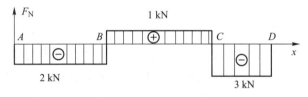

图 4-4 【例 4-1】附图

$$F_{N3} = -3 \text{ kN}$$

（2）画出轴力图（图 4-5）。

图 4-5 【例 4-1】轴力图

对于等截面的直杆（简称等直杆），内力最大的横截面称为危险截面，例如上例中 CD 段内各横截面，通过绘制内力图可以确定危险截面的位置及其上内力的数值。

以后若在规定的坐标系中绘制轴力图，坐标轴可省略不画。轴力图一般应与计算简图上下对齐。在图上应标注内力的数值及单位，在图框内均匀地画出垂直于杆轴的纵坐标线，并标注正负号。

4.3 杆件剪切变形时的内力分析

4.3.1 剪切和挤压变形概念

工程结构中，在各部分之间起联接作用的构件称为联接件，如钢板联接铆钉(图 4-6a),吊钩及其中的螺栓(图 4-6b),联接件受力后所发生的变形主要是剪切变形。

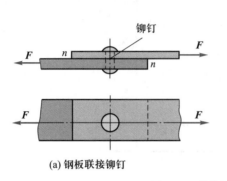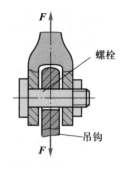

(a) 钢板联接铆钉　　　　　　　　　(b) 吊钩及其中的螺栓

图 4-6　联接件

剪切变形指构件在两个侧面上受到大小相等、方向相反、作用线相距很近的横向外力的作用,其在两外力间的截面发生相对错动。这个发生相对错动的截面称为剪切面,它位于方向相反的两个外力作用线之间,且与外力的作用线平行。

构件在发生剪切变形的同时还会发生挤压变形,但两变形发生的位置不同。在两构件相互接触的外表面,因相互压紧而产生的局部受压变形称为挤压变形。如图 4-6a 所示的铆钉,其侧面受到被联接的钢板的挤压作用而发生挤压变形,同时,被联接的钢板的孔壁也发生挤压变形,因此联接处会出现松动,从而产生破坏。

4.3.2　剪切变形的内力

如图 4-6a 所示,铆钉在一对相距很近的力 F 作用下,可能会沿剪切面 n—n 发生剪切破坏。为了分析确定 n—n 面上的内力,采用截面法,以铆钉的上段为研究对象,如图 4-7 所示。由于平衡,剪切面上的内力必然是一个与外力 F 数值相等、方向相反、沿着剪切面作用的内力。这种与截面相切的内力称为剪力,用 F_S 表示,由平衡条件,得 $F_S = F$。

同时,铆钉侧面受到被联接的钢板的挤压作用产生压力称为挤压力,用 F_{bs} 表示,且 $F_{bs} = F$。

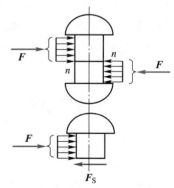

图 4-7　铆钉内力分析图

4.4 圆轴扭转时的内力分析

4.4.1 扭转变形的概念

工程实际中有很多承受扭转的杆件,如螺丝刀(图 4-8a)和方向盘(图 4-8b)等。在两个大小相等、方向相反且作用面垂直于杆件轴线的外力偶作用下,杆件的任意两个横截面之间都发生绕轴线的相对转动,这种变形称为扭转变形,以扭转为主要变形的杆件称为轴。

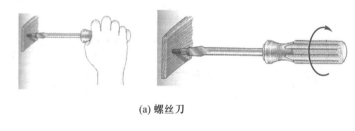

(a) 螺丝刀

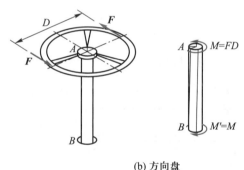

(b) 方向盘

图 4-8 扭转的杆件

4.4.2 扭矩和扭矩图

当作用于轴上所有的外力偶矩 M_e 都求出后,即可应用截面法求解横截面上的内力。例如,欲求圆轴(图 4-9a)横截面 1—1 上的内力,可假想沿 1—1 横截面把圆轴截开,取左段为研究对象(图 4-9b),为保持左段平衡,1—1 横截面上必存在一个内力偶 T。其转向与外力偶的转向相反,其内力偶矩的大小与 M_e 的大小相等,即 $T=M_e$,此时,T 称为圆轴在横截面 1—1 上的扭矩。

如果取右段为研究对象(图 4-9c),仍然可以求得 $T=M_e$,但其方向则与用左段求出的扭矩的方向相反。为了使两种算法得到的同一截面上的扭矩不仅数值相等,而且符号相同,对扭矩 T 的正负号规定如下:按右手螺旋法则,让四

个手指与扭矩 T 的转向一致,大拇指伸出的方向(即扭矩 T 的方向)与截面的外法线方向一致时,T 为正(图 4-9);反之为负。显然,如图 4-9 所示 *1—1* 横截面上的扭矩为正。

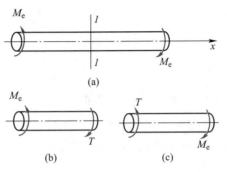

图 4-9　扭转内力分析图

与求轴力的方法类似,用截面法计算扭矩时,通常先假设扭矩为正,然后再根据计算结果的正负确定扭矩的实际方向。若作用于轴上的外力偶多于两个,也与拉伸(压缩)问题中绘制轴力图相仿,以横坐标 x 表示横截面的位置、纵坐标 y 表示相应横截面上的扭矩 T 的数值(按适当比例),用图线来表示各横截面上扭矩沿轴线变化的情况。这样的图线称为扭矩图,也称 T 图。通常将正的扭矩画在 x 轴的上方,负的扭矩画在 x 轴的下方。

【例 4-2】　试作如图 4-10a 所示圆轴的扭矩图。

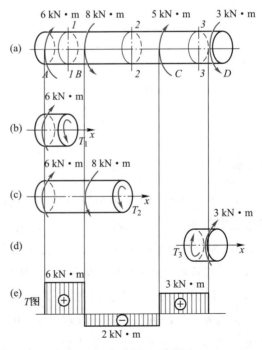

图 4-10　【例 4-2】附图

解：（1）截面法。

在 1—1 处切开，取左段分离体，如图 4-10b 所示。

$$\sum M_x = 0, T_1 - 6 \text{ kN} \cdot \text{m} = 0$$

$$T_1 = 6 \text{ kN} \cdot \text{m}$$

在 2—2 处切开，取左段分离体，如图 4-10c 所示。

$$\sum M_x = 0, T_2 + 8 \text{ kN} \cdot \text{m} - 6 = 0$$

$$T_2 = -2 \text{ kN} \cdot \text{m}$$

在 3—3 处切开，取右段为分离体，如图 4-10d 所示。

$$\sum M_x = 0, T_3 - 3 \text{ kN} \cdot \text{m} = 0$$

$$T_3 = 3 \text{ kN} \cdot \text{m}$$

（2）根据各段扭矩值绘制扭矩图，如图 4-10e 所示。

微视频
梁弯曲时
的内力

4.5 梁弯曲时的内力分析

4.5.1 平面弯曲的概念

工程实际中存在大量受弯曲的杆件，如屋面大梁（图 4-11a）、火车轮轴（图 4-11b）等。在通过杆轴平面内的外力偶作用下，或在垂直于杆轴的横向力作用下，杆的轴线将弯成曲线，这种变形称为弯曲变形，以弯曲为主要变形的杆件称为梁。

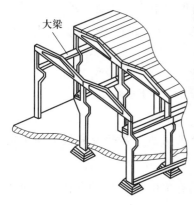

(a) 屋面大梁　　　　　　　　　　(b) 火车轮轴

图 4-11　受弯的构件

工程中大多数梁的横截面都有一根竖向对称轴，梁的轴线与横截面的竖向对称轴所构成的平面称为梁的纵向对称面。如果作用于梁上的所有外力都在纵向对称面内,则变形后梁的轴线也将在此对称平面内弯曲成一条平面曲线如图 4-12 所示,这种弯曲称为平面弯曲,本书主要研究平面弯曲的问题。

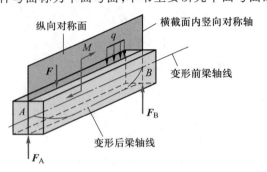

图 4-12　平面弯曲

梁的两个支座之间的部分称为跨,跨的长度称为跨长或跨度。根据支座情况,单跨静定梁可分为三种形式:

(1) 悬臂梁。一端固定,另一端自由的梁(图 4-13a)。

(2) 简支梁。一端为固定铰链支座,另一端为活动铰链支座的梁(图 4-13b);

(3) 外伸梁。一端或两端伸出支座之外的简支梁(图 4-13c)。

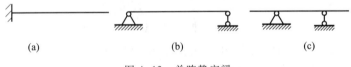

| (a) | (b) | (c) |

图 4-13　单跨静定梁

在平面弯曲问题中,梁上的载荷与支座约束力组成一平面力系,该力系有三个独立的平衡方程。悬臂梁、简支梁和外伸梁各自恰好有三个未知的支座反力,它们可由静力平衡方程求出。

4.5.2　剪力与弯矩

确定了梁上所有的载荷与支座约束力后,就可进一步研究其横截面上的内力。

以简支梁为例,如图 4-14a 所示,其上作用有集中载荷 F,由平衡方程可求出支座 A、B 处的支座约束力分别为 F_A、F_B。求横截面 $1—1$ 上的内力时,利用截面法假想地沿横截面 $1—1$ 处将梁截成两段,取左段为研究对象(图 4-14b),为保持左段平衡,作用于左段上的力除支座约束力 F_A 外,在横截面 $1—1$ 上必定有内力 F_S 和 M。列出平衡方程得:

$$\sum F_{iy} = 0, F_A - F_S = 0$$

$$F_S = F_A$$

$$\sum M_C = 0, \quad -F_A x + M = 0$$

$$M = F_A x$$

其中，F_S 和 M 分别称为剪力和弯矩。

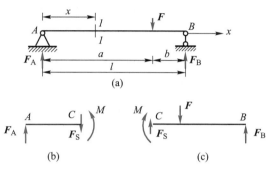

图 4-14 梁弯曲变形内力分析图

若取右段为研究对象（图 4-14c），同样可以求得 F_S 和 M，且数值与上述结果相等，只是方向相反。为了使两种算法得到的同一截面上的剪力和弯矩不仅数值相等，且符号也相同，对剪力和弯矩的正负号做如下规定：剪力使所取微段梁产生顺时针转动趋势的为正（图 4-15a），反之为负（图 4-15b）；弯矩使所取微段梁产生上凹下凸弯曲变形的为正（图 4-15c），反之为负（图 4-15d）。根据上述正负号规定，如图 4-14 所示情况中横截面 1—1 上的剪力和弯矩均为正。

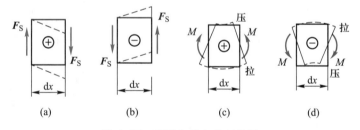

图 4-15 弯矩和剪力的正负号

【例 4-3】 一外伸梁如图 4-16 所示，试求 1—1、2—2、3—3 截面上的内力。

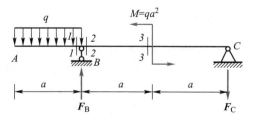

图 4-16 【例 4-3】附图

解:(1) 求出支座约束力:

$$F_B = \frac{7}{4}qa, F_C = \frac{3}{4}qa$$

(2) 求横截面 *1—1* 上的剪力和弯矩,取左段研究(图 4-17a):

$$\sum F_{iy} = 0, -qa - F_{S1} = 0$$

$$F_{S1} = -qa$$

$$\sum M_B = 0, qa \cdot \frac{1}{2}a + M_1 = 0$$

$$M_1 = -\frac{1}{2}qa^2$$

(3) 求横截面 *2—2* 上的剪力和弯矩,取左段研究(图 4-17b):

$$\sum F_{iy} = 0, -qa + \frac{7}{4}qa - F_{S2} = 0$$

$$F_{S2} = \frac{3}{4}qa$$

$$\sum M_B = 0, qa \cdot \frac{1}{2}a + M_2 = 0$$

$$M_2 = -\frac{1}{2}qa^2$$

(4) 求横截面 *3—3* 上的剪力和弯矩,取右段研究(图 4-17c):

$$\sum F_{iy} = 0, F_{S3} - \frac{3}{4}qa = 0$$

$$F_{S3} = \frac{3}{4}qa$$

$$\sum M_C = 0, qa^2 - \frac{3}{4}qa^2 - M_3 = 0$$

$$M_3 = \frac{1}{4}qa^2$$

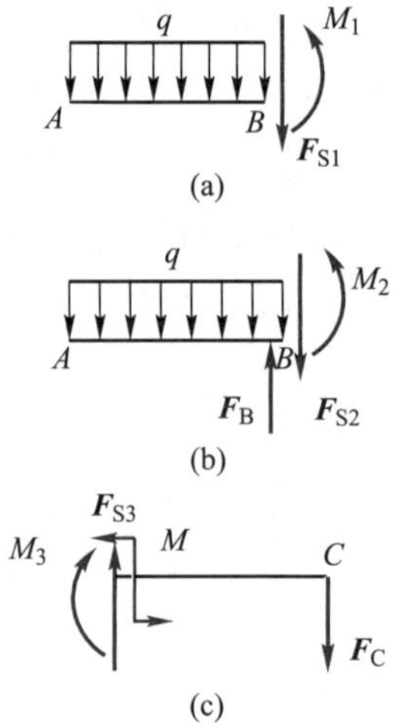

图 4-17 【例 4-3】剪力和弯矩

4.5.3　剪力图与弯矩图

1. 利用内力方程法绘制剪力图和弯矩图

梁横截面上的剪力与弯矩随截面位置 x 而变化,它们都可表示为 x 的函数,即:

$$F_S = F_S(x) \tag{4-1}$$

$$M = M(x) \tag{4-2}$$

以上两式分别称为梁的剪力方程和弯矩方程。

与绘制轴力图和剪力图一样,也可用图线表示梁的各横截面上剪力和弯矩沿梁轴线方向变化的情况。以平行于梁轴的横坐标 x 表示横截面的位置,以纵坐标表示相应横截面上的剪力或弯矩 M 的数值(按适当比例),绘出剪力方程和弯矩方程的图线,这样的图线分别称为剪力图(F_s 图)和弯矩图(M 图)。

需要注意的是:在剪力图中,将正的剪力画在 x 轴的上方,负的剪力画在 x 轴的下方;

而在弯矩图中,则需将正的弯矩画在 x 轴下方,即画在杆件弯曲时凸出(受拉)的一侧,而且不用标注正负号。

【例 4-4】 悬臂梁受集中力 F 作用,如图 4-18 所示,试列出该梁的剪力方程、弯矩方程并作出剪力图和弯矩图。

解:(1) 列剪力方程和弯矩方程。

设 x 轴沿梁的轴线,以 A 点为坐标原点,取距原点为 x 的截面左侧的梁段研究,得:

$$F_s(x) = -F \quad (0 \leqslant x \leqslant l)$$

$$M(x) = -Fx \quad (0 \leqslant x \leqslant l)$$

(2) 绘制剪力图和弯矩图。

由上式知,梁上各截面上的剪力均相同,其值为 $-F$,所以剪力图是一条平行于 x 轴的直线且位于 x 轴下方。$M(x)$ 是线性函数,因而弯矩图是一斜直线,只需确定其上两点即可画出。

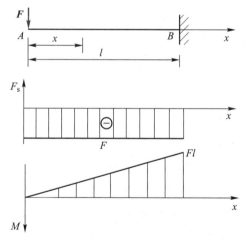

图 4-18 【例 4-4】附图

【例 4-5】 如图 4-19 所示简支梁,在全梁上受均布荷载 q 的作用,试列出剪力方程、弯矩方程并作剪力图和弯矩图。

解:(1) 求支座约束力。

$$F_A = F_B = \frac{ql}{2}$$

（2）列剪力方程和弯矩方程。

设 x 轴沿梁的轴线,以 A 点为坐标原点,取距原点为 x 的截面左侧的梁段研究,得:

$$F_S(x) = \frac{ql}{2} - qx \quad (0 \leqslant x \leqslant l)$$

$$M(x) = \frac{ql}{2}x - \frac{q}{2}x^2 \quad (0 \leqslant x \leqslant l)$$

（3）绘制剪力图和弯矩图。

剪力图为一斜直线,只需确定其上两点即可画出。弯矩图为一抛物线,需确定三点。

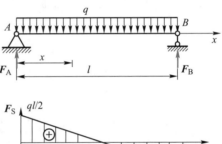

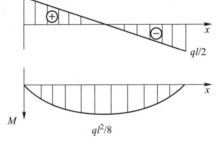

图 4-19　【例 4-5】附图

2. 利用微分关系法绘制剪力图和弯矩图

（1）弯矩、剪力与分布载荷集度之间的微分关系。

设梁上有任意分布的载荷,规定向上为正。x 轴坐标原点取在梁的左端,在距原点 x 处取一微段梁 $\mathrm{d}x$,如图 4-20 所示。

根据单元体平衡条件,有:

$$\sum F_{iy} = 0 \quad F_S(x) - [F_S(x) + \mathrm{d}F_S(x)] + q\mathrm{d}x = 0$$

$$\sum M_C = 0 \quad [M(x) + \mathrm{d}M(x)] - M(x) - F_S(x)\mathrm{d}x - q\mathrm{d}x\frac{\mathrm{d}x}{2} = 0$$

略去二阶微量得:

$$\frac{\mathrm{d}F_S(x)}{\mathrm{d}x} = q(x) \tag{4-3}$$

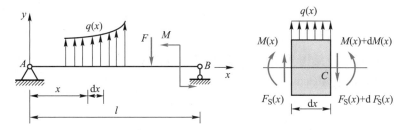

图 4-20　弯矩、剪力与分布载荷集度之间的微分关系

$$\frac{\mathrm{d}M(x)}{\mathrm{d}x} = F_{\mathrm{S}}(x) \tag{4-4}$$

由上两式可得：

$$\frac{\mathrm{d}^2 M(x)}{\mathrm{d}x^2} = \frac{\mathrm{d}F_{\mathrm{S}}(x)}{\mathrm{d}x} = q(x) \tag{4-5}$$

以上三式就是弯矩、剪力与分布载荷集度之间的微分关系，它们在直梁中普遍存在这样的规律。

（2）剪力图和弯矩图的图形规律。

根据弯矩、剪力与分布载荷集度之间的微分关系，并由前述各例题，可以得到剪力图与弯矩图图形的一些规律，概括如下：

① 梁上某段无载荷作用（$q=0$）时，此段梁的剪力 F_{S} 为常数，剪力图为水平线；弯矩 M 则为 x 的一次函数，弯矩图为斜直线。

② 梁上某段受均布载荷作用（q 为常数）时，此段梁的剪力 F_{S} 为 x 的一次函数，剪力图为斜直线；弯矩 M 则为 x 的二次函数，弯矩图为抛物线。在剪力 $F_{\mathrm{S}}=0$ 处，弯矩图的斜率为零，此处的弯矩为极值。

③ 在集中力作用处，剪力图有突变，当集中力向下时，剪力图向下突变；当集中力向上时，剪力图向上突变；突变值即为该处集中力的大小。此时弯矩图的斜率也发生突然变化，因而弯矩图在此处有一尖角。

④ 在集中力偶作用处，弯矩图有突变，当集中力偶顺时针转向时，弯矩图向下突变；当集中力偶逆时针转向时，弯矩图向上突变；突变值即为该处集中力偶矩的大小。但剪力图在此处却没有变化，故集中力偶作用处两侧弯矩图的斜率相同。

（3）微分关系法的使用步骤。

利用剪力图和弯矩图的图形规律，可不必列出剪力方程和弯矩方程，便能更简洁地绘制梁弯矩图，这种绘制剪力图和弯矩图的方法称为微分关系法，其步骤如下：

① 分段定形。根据梁上载荷和支承情况将梁分成若干段，由各段内的载荷情况判断剪力图和弯矩图的形状。

② 定点绘图。求出控制截面(某些特殊横截面)上的剪力值和弯矩值,逐段绘制梁的剪力图和弯矩图。

【例 4-6】　试绘图 4-21 所示梁的剪力图和弯矩图。

解:(1)求支座约束力。

$$\sum F_{iy}=0, F_A - 2\text{ kN/m}\times 4\text{ m}+F_C=0$$

$$\sum M_A=0, -2\text{ kN/m}\times 4\text{ m}\times 2\text{ m}+F_C\times 4\text{ m}-4\text{ kN}\cdot\text{m}=0$$

解得: $F_A=3$ kN, $F_C=5$ kN

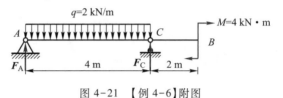

图 4-21　【例 4-6】附图

(2)画剪力图。

AC 段 q 为常量且方向向下,所以 AC 段剪力图为向下斜的直线,CB 段 $q=0$ 且无集中力作用,所以为一水平线,如图 4-22a 图所示。

(3)画弯矩图。

AC 段为抛物线,抛物线下凸,$M_{x=1.5}=2.25$ kN·m 为该抛物线的顶点。BC 段为一水平线。且在 B 处有集中力偶,弯矩发生突变,突变值为该集中力偶矩的值,如图 4-22b 所示。

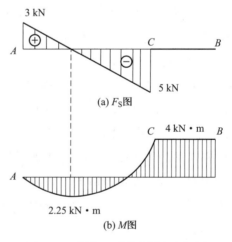

(a) F_S 图

(b) M 图

图 4-22　【例 4-6】剪力图和弯矩图

3.叠加法绘制剪力图和弯矩图

所谓叠加原理,指的是由几个外力共同作用时,某一截面处引起某一参数(如内力、应力或变形等),等于每个外力单独作用时所引起该参数值的代数和。

【例 4-7】　试按叠加原理作如图 4-23 所示简支梁的弯矩图。

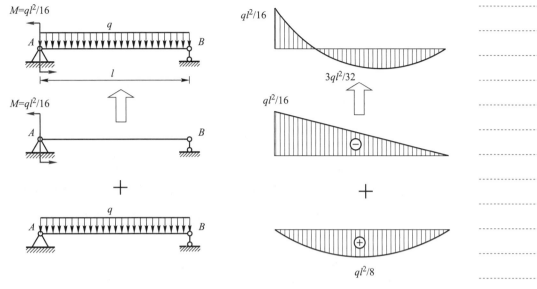

图 4-23 【例 4-7】附图

4.6 案例分析

如图 4-24a 所示,主动轮 A 的输入功率为 300 kW,从动轮的输出功率分别为 100 kW 和 200 kW,轴的转速为 500 r/min,请对主、从动轮位置进行合理的安排。

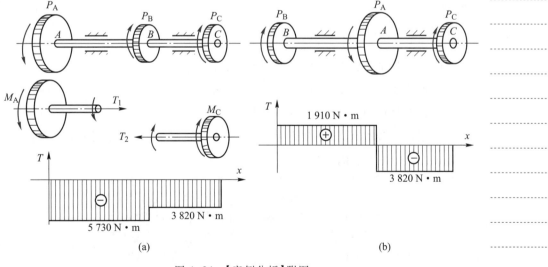

图 4-24 【案例分析】附图

解:主、从动轮位置的合理安排:首先计算主动轮和从动轮的力偶矩大小;然后根据各轮在轴上的位置绘制扭矩图,以判断主、从动轮位置安排是否合理。

（1）外力偶矩计算。

$$M_A = 9550\frac{P_A}{n} = 9550 \times \frac{300}{500}\ \text{N} \cdot \text{m} = 5730\ \text{N} \cdot \text{m}$$

$$M_B = 9550\frac{P_B}{n} = 9550 \times \frac{100}{500}\ \text{N} \cdot \text{m} = 1910\ \text{N} \cdot \text{m}$$

$$M_C = 9550\frac{P_C}{n} = 9550 \times \frac{200}{500}\ \text{N} \cdot \text{m} = 3820\ \text{N} \cdot \text{m}$$

（2）计算各段轴的扭矩,画扭矩图。

下面根据两个方案进行讨论:如图 4-24a 所示为方案一,将传动轴分为 AB 和 BC 两段,逐段计算扭矩。设 AB 和 BC 段截面上的扭矩 T_1 和 T_2 均为正号,根据平衡条件,有:

$$T_1 = -M_A = -5730\ \text{N} \cdot \text{m}, \quad T_2 = -M_C = -3820\ \text{N} \cdot \text{m};$$

根据上述分析,可画出扭矩图。

类似地可画方案二如图 4-24b 所示轴的扭矩图。

（3）两种方案比较。

由两种方案的扭矩图可以看出,图 4-24a 中,最大扭矩$|T_{\max}| = 5730\ \text{N} \cdot \text{m}$,而图 4-24b 中,最大扭矩$|T_{\max}| = 3820\ \text{N} \cdot \text{m}$。

由此可见,传动轴上主、从动轮的位置不同,轴的最大扭矩数据值也不等,显然,从强度观点看 b 图比 a 图合理,即将主动轮安排在中间为好。

思考题

1. 什么是轴力？ 如何确定轴力的正负号？

2. 剪切作用下的受力及变形特点是什么？

3. 什么是扭矩？ 如何确定扭矩的正负号？

4. 圆轴扭转时,已知横截面上的扭矩为 T,如图 4-25 所示,圆轴横截面上的切应力分布图中正确的是(　　　)。

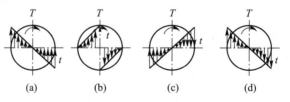

(a)　　　(b)　　　(c)　　　(d)

图 4-25　思考题 4 附图

5. 剪力和弯矩的符号规则是什么？

6. 判断题:

(1)轴力图可显示出杆件各段内横截面上轴力的大小但并不能反映杆件各段变形是伸长还是缩短。(   )

(2)若沿杆件轴线方向作用的外力多于两个,则杆件各段横截面上的轴力不尽相同。(   )

(3)若在构件上作用有两个大小相等、方向相反、相互平行的外力,则此构件一定产生剪切变形。(   )

(4)扭矩的正负号可按如下方法来规定:运用右手螺旋法则,四指表示扭矩的转向,当拇指指向与截面外法线方向相同时规定扭矩为正;反之,规定扭矩为负。(   )

(5)受扭杆件横截面上扭矩的大小,不仅与杆件所受外力偶的力偶矩大小有关,而且与杆件横截面的形状、尺寸也有关。(   )

(6)只要知道了作用在受扭杆件某横截面以左部分或以右部分所有外力偶矩的代数和,就可以确定该横截面上的扭矩。(   )

(7)梁横截面上的剪力,在数值上等于作用在此截面任一侧(左侧或右侧)梁上所有外力的代数和。(   )

(8)在简支梁上作用有一集中载荷,要使梁内产生的弯矩为最大,此集中载荷一定作用在梁跨度的中央。(   )

(9)在梁上的剪力为零的地方,所对应的弯矩图的斜率也为零;反过来,若梁的弯矩图斜率为零,则所对应的梁上的剪力也为零。(   )

(10)在梁某一段内的各个横截面上,若剪力均为零,则该段内的弯矩必为常量。(   )

7. 填空题:

(1)轴向拉伸与压缩时内力称为_____。

(2)轴向拉伸或压缩杆件的轴力垂直于杆件横截面,并通过截面_____。

(3)构件受剪时,剪切面的方位与两外力的作用线相_____。

(4)圆轴扭转变形的特点是:轴的横截面积绕其轴线发生_____。

(5)梁产生弯曲变形时的受力特点是:梁在过轴线的平面内受到外力偶的作用或者受到和梁轴线相_____的外力的作用。

习题

1. 如图4-26所示为一等截面直杆,其受力情况如图所示,试作其轴力图。

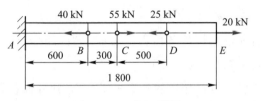

图 4-26　习题 1 附图

2. 试求如图 4-27 所示杆件 *1—1* 和 *2—2* 横截面上的轴力并作轴力图。

3. 如图 4-28 所示,已知轴径 $d = 56$ mm,键的尺寸为 : $l \times b \times h = (80 \times 16 \times 10)$ mm,轴的转矩 $M = 1$ kN·m,求键所受的剪力和挤压力。

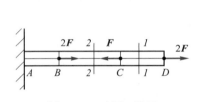

图 4-27　习题 2 附图

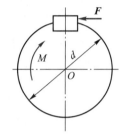

图 4-28　习题 3 附图

4. 如图 4-29 所示为一传动轴,主动轮 *B* 输入功率 $P_B = 60$ kW,从动轮 *A*、*C*、*D* 输出功率分别为 $P_A = 28$ kW,$P_C = 20$ kW,$P_D = 12$ kW。轴的转速 $n = 500$ r/min,试绘制轴的扭矩图。

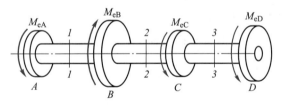

图 4-29　习题 4 附图

5. 试列出如图 4-30 所示梁的剪力方程和弯矩方程,并画出剪力图和弯矩图。

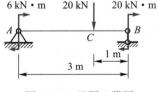

图 4-30　习题 5 附图

6. 如图 4-31 所示为某工作桥纵梁的计算简图,上面的两个集中载荷为闸门启闭机重量,均布载荷为自重、人群和设备的重量。试求纵梁在 *C*、*D* 及跨中

E 三点处横截面上的剪力和弯矩。

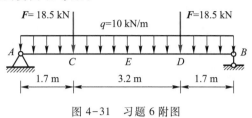

图 4-31 习题 6 附图

竞赛题

1. 如图 4-32a 所示为一简支梁 AB,其弯矩图(图中只画出弯矩的大小,符号可自行规定)如图 4-32b 所示,试画出梁的剪力图和受力图。(第六届江苏省大学生力学竞赛)

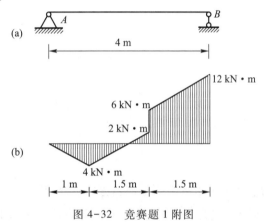

图 4-32 竞赛题 1 附图

2. 如图 4-33 所示外伸梁受均布载荷 q 作用,其剪力的最大值 $|F_{Smax}|$ = _____,弯矩的最大值 $|M_{max}|$ = _____。(第七届江苏省大学生力学竞赛)

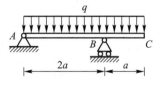

图 4-33 竞赛题 2 附图

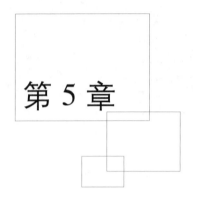

第 5 章

应力及变形分析

学习目标

理解应力和变形的概念,掌握四种基本变形下横截面上应力的计算及强度分析;熟悉轴向拉压、扭转和平面弯曲时,变形的计算及刚度分析。

单元概述

应力及变形分析主要研究内力沿截面的分布规律,从中建立内力与变形之间的关系,进而找到内力与应力之间的关系,同时确定危险截面上危险点的位置,并进行强度和刚度分析。本章的重点包括基本变形下应力和变形计算以及强度和刚度分析,难点是基本变形强度分析和刚度分析,掌握应力公式和变形公式及其运用。

微视频
拉(压)杆
横截面上
的应力

5.1 拉(压)杆横截面上的应力

5.1.1 应力的概念

用截面法求出的拉(压)变形时横截面上的内力是通过截面形心、作用在轴线上的集中力,即轴力。但实际上,拉(压)杆横截面上的内力并不是只作用在杆轴线上的一个集中力,而是分布在整个横截面上的,即此时的内力是分布力。

因此,用截面法求出的轴力只是截面上分布内力的合力。力学中把内力在截面某点处的分布的集度称为该点处的应力。

如图 5-1a 所示的杆件,为求截面 m—m 上某点的应力,可过该点的周围取一微小面积 ΔS,设在 ΔS 上分布内力的合力为 ΔF,一般情况下 ΔF 不与截面垂直,则该点的应力为:

$$p = \lim_{\Delta S \to 0} \frac{\Delta F}{\Delta S} = \frac{\mathrm{d}F}{\mathrm{d}S} \tag{5-1}$$

式中,p 为该点处的全应力的大小。全应力 p 是一个矢量,其方向与内力方向相同,使用时常将其分解成与截面垂直的分量 R 和与截面相切的分量 τ。垂直于截面的应力 R 称为正应力,与截面相切的应力 τ 称为切(剪)应力,如图 5-1b 所示。

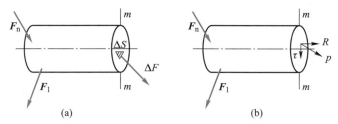

图 5-1　杆件横截面上的应力

在国际单位制中,应力的单位为 Pa(帕),$1 \text{ Pa} = 1 \text{ N/m}^2$,在实际应用中,这一单位太小,常用 MPa(兆帕)或 GPa(吉帕),其关系为:

$$1 \text{ MPa} = 1 \text{N/mm}^2 = 10^6 \text{ Pa} \qquad 1 \text{ GPa} = 10^9 \text{ Pa} = 10^3 \text{ MPa}$$

应该注意到:通过任意给定的一点可以取无数个截面,故一点处的应力与通过该点所取的截面的方向有关。在描述给定点处的应力时,不仅要说明其大小、方向,而且要说明其所在的截面。

5.1.2　拉(压)杆横截面上的正应力

为了求得拉(压)杆横截面上任意一点的应力,必须了解内力在横截面上的分布规律,这可通过变形实验展开分析研究。

如图 5-2a 所示,取一等截面直杆,在杆上画出与杆轴线垂直的横向线 ab 和 cd,再画上与杆轴线平行的纵向线,然后在杆两端沿杆的轴线作用拉力 F,使杆件产生拉伸变形。

1. 实验观察

横向线在拉伸变形前后均为直线,且都垂直于杆的轴线,只是间距增大;纵向线在拉伸变形后亦是直线且仍沿着纵向,只是间距减小。如图 5-2b 所示,所有正方形的网格均变成大小相同的长方形网格。

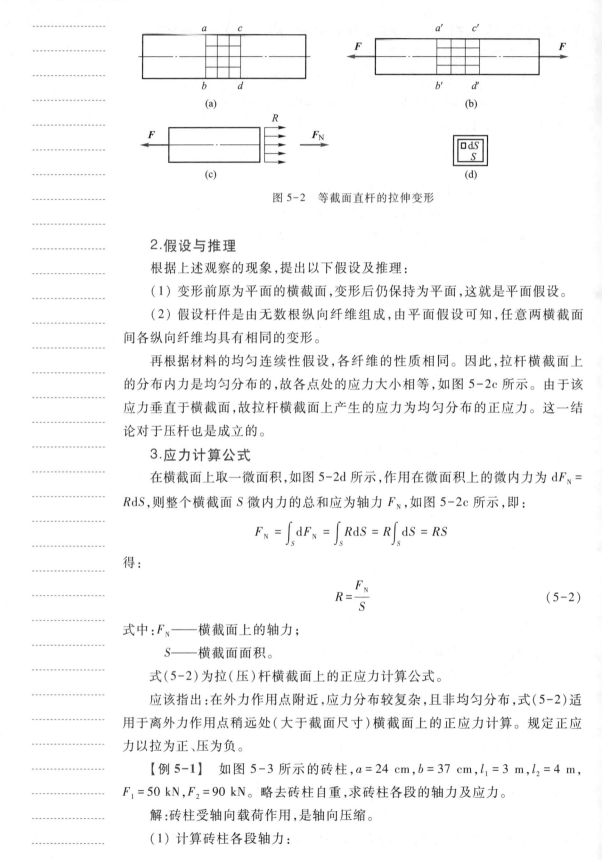

图 5-2　等截面直杆的拉伸变形

2.假设与推理

根据上述观察的现象,提出以下假设及推理:

(1)变形前原为平面的横截面,变形后仍保持为平面,这就是平面假设。

(2)假设杆件是由无数根纵向纤维组成,由平面假设可知,任意两横截面间各纵向纤维均具有相同的变形。

再根据材料的均匀连续性假设,各纤维的性质相同。因此,拉杆横截面上的分布内力是均匀分布的,故各点处的应力大小相等,如图 5-2c 所示。由于该应力垂直于横截面,故拉杆横截面上产生的应力为均匀分布的正应力。这一结论对于压杆也是成立的。

3.应力计算公式

在横截面上取一微面积,如图 5-2d 所示,作用在微面积上的微内力为 $\mathrm{d}F_\mathrm{N} = R\mathrm{d}S$,则整个横截面 S 微内力的总和应为轴力 F_N,如图 5-2c 所示,即:

$$F_\mathrm{N} = \int_S \mathrm{d}F_\mathrm{N} = \int_S R\mathrm{d}S = R\int_S \mathrm{d}S = RS$$

得:

$$R = \frac{F_\mathrm{N}}{S} \qquad\qquad (5-2)$$

式中:F_N——横截面上的轴力;

　　S——横截面面积。

式(5-2)为拉(压)杆横截面上的正应力计算公式。

应该指出:在外力作用点附近,应力分布较复杂,且非均匀分布,式(5-2)适用于离外力作用点稍远处(大于截面尺寸)横截面上的正应力计算。规定正应力以拉为正、压为负。

【例 5-1】　如图 5-3 所示的砖柱,$a = 24$ cm,$b = 37$ cm,$l_1 = 3$ m,$l_2 = 4$ m,$F_1 = 50$ kN,$F_2 = 90$ kN。略去砖柱自重,求砖柱各段的轴力及应力。

解:砖柱受轴向载荷作用,是轴向压缩。

(1)计算砖柱各段轴力:

AB 段：
$$F_{N1} = -F_1 = -50 \text{ kN（压力）}$$

BC 段：
$$F_{N2} = -F_1 - F_2 = -50 \text{ kN} - 90 \text{ kN} = -140 \text{ kN（压力）}$$

（2）计算砖柱各段的应力：

AB 段：

1—1 横截面上的轴力为压力：
$$F_{N1} = -50 \text{ kN}$$

横截面面积：
$$S_1 = 240 \text{ mm} \times 240 \text{ mm} = 5.76 \times 10^4 \text{ mm}^2$$

则：
$$R = \frac{F_N}{S} = -\frac{50 \times 10^3 \text{ N}}{5.76 \times 10^4 \text{ mm}^2} = -0.868 \text{ MPa（压应力）}$$

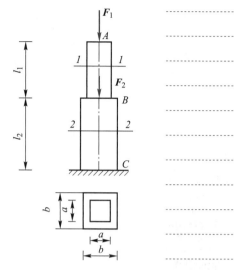

图 5-3 【例 5-1】附图

BC 段：

2—2 横截面上的轴力为压力：
$$F_{N2} = -140 \text{ kN}$$

横截面面积：
$$S_2 = 370 \text{ mm} \times 370 \text{ mm} = 13.69 \times 10^4 \text{ mm}^2$$

则：
$$R = \frac{F_N}{S} = -\frac{140 \times 10^3 \text{ N}}{13.69 \times 10^4 \text{ mm}^2} = -1.02 \text{ MPa（压应力）}$$

【例 5-2】 如图 5-4 所示，中间开槽的直杆承受轴向载荷 $F = 10$ kN 的作用力，已知 $h = 25$ mm，$h_0 = 10$ mm，$b = 20$ mm，试求杆内的最大正应力。

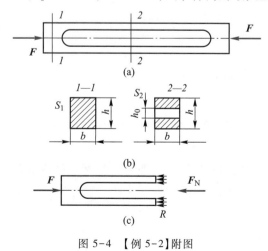

图 5-4 【例 5-2】附图

解：(1) 计算轴力,用截面法求得杆中各处的轴力为 $F_N = -F = -10$ kN。

(2) 求最大正应力,由图 5-4b 可知,S_2 较小,故中段正应力较大。

$$S_2 = (h-h_0)b = (25-10) \text{ mm} \times 20 \text{ mm} = 300 \text{ mm}^2$$

最大正应力 $R_{max} = \dfrac{F_N}{S_2} = -\dfrac{10 \times 10^3 \text{ N}}{300 \text{ mm}^2} = -33.3$ MPa

负号表示其应力为压应力。

5.2　轴向拉伸或压缩时的变形

5.2.1　轴向变形及轴向线应变

如图 5-5 所示,直杆受轴向拉力或压力作用时,杆件会产生沿轴线方向的伸长或缩短。设等截面直杆的原长为 l,受轴向拉力 F 的作用,变形后的长度为 l_1,则杆件在轴线方向的伸长,即轴向变形(也称为轴向绝对变形)为:

$$\Delta l = l_1 - l \tag{5-3}$$

规定:杆件受拉时,Δl 为正值,杆件受压时,Δl 为负值。

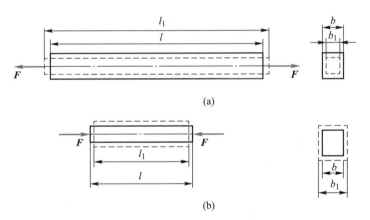

(a)

(b)

图 5-5　等截面直杆受拉或压时的变形

轴向变形 Δl 与杆的原长 l 之比,即单位长度上的变形称为轴向相对变形,亦称轴向线应变,用符号 e 表示。即:

$$e = \dfrac{\Delta l}{l} \tag{5-4}$$

e 是一个无量纲的量,其正负号与 Δl 一致。

5.2.2　横向变形及横向线应变

轴向拉(压)杆在轴向伸长(缩短)的同时,也要发生横向尺寸的减小(增大)。设杆件原横向尺寸为 b,变形后的尺寸为 b_1,则杆的横向变形量 Δb 称为横向绝对变形,即:

$$\Delta b = b_1 - b \qquad (5-5)$$

相应地,杆件的横向线应变为:

$$e' = \frac{\Delta b}{b} \qquad (5-6)$$

e' 也是一个无量纲的量,其正负号与 Δb 一致。

5.2.3　横向变形系数

实验表明:在弹性范围内 e' 与 e 比值的绝对值 ν 为一个常数,这是一个无量纲的数,称为横向变形系数或泊松比。

$$\nu = \left| \frac{e'}{e} \right| \qquad (5-7)$$

考虑到 e' 与 e 的正负号总是相反的,故有

$$e' = -\nu e \qquad (5-8)$$

一些材料的 ν 值可参见表 5-1。

表 5-1　常用材料的 E、ν 值

材料	$E/10^3$ MPa	ν
低碳钢	2.00~2.20	0.24~0.28
低合金钢	1.96~2.16	0.25~0.33
合金钢	1.86~2.06	0.25~0.30
灰铸铁	1.15~1.57	0.23~0.27
木材(顺纹)	0.09~0.12	—
砖石料	0.027~0.035	0.12~0.20
混凝土	0.15~0.36	0.16~0.18
花岗岩	0.49	0.16~0.34

5.2.4　胡克定律

实验证明,在线弹性范围内,轴向拉(压)杆的伸长(缩短)值 Δl 与轴力 F_N

及杆长 l 成正比,而与杆的横截面面积成反比,这一比例关系称为胡克定律。引入比例常数 E,得:

$$\Delta l = \frac{F_N l}{ES} \tag{5-9}$$

式中 E 称为材料的杨氏模量,是表明力学性能的物理量,其量纲及单位均与应力相同。它和泊松比 ν 是材料的两个最基本的弹性常数,数值取决于材料的性质。常用材料的 E 值参见表 5-1。

式(5-9)表明,在 F_N、l 不变的情况下,ES 的乘积越大,则 Δl 越小。因此,ES 的乘积反映了杆件抵抗弹性变形能力的大小,故称为杆件的抗拉(压)刚度。

将式(5-9)的两端同时除以 l,由式(5-4)和式(5-2)可知 $\frac{\Delta l}{l} = e$ 和 $\frac{F_N}{S} = R$,则有:

$$e = \frac{R}{E} \tag{5-10}$$

式(5-9)和式(5-10)是胡克定律的两种不同表达形式,由式(5-10)可知,在线弹性范围内,应力与应变成正比。

【例 5-3】　阶梯形钢杆如图 5-6 所示,已知 AB 段和 BC 段横截面面积 $S_1 = 200\ mm^2$,$S_2 = 500\ mm^2$。钢材的杨氏模量 $E = 200\ GPa$,作用轴向力 $F_1 = 10\ kN$,$F_2 = 30\ kN$,杆长 $l = 100\ mm$。试求:(1) 各段横截面上的应力;(2) 杆件的总变形。

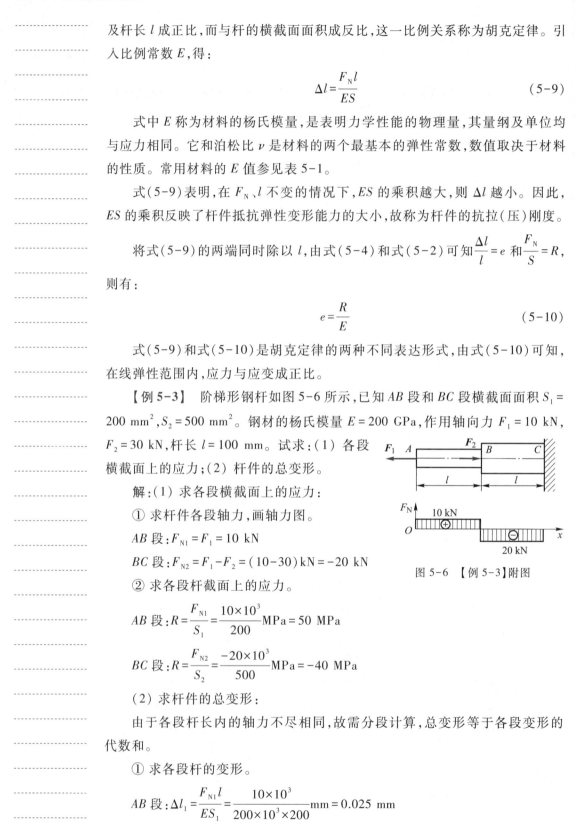

图 5-6　【例 5-3】附图

解:(1) 求各段横截面上的应力:

① 求杆件各段轴力,画轴力图。

AB 段: $F_{N1} = F_1 = 10\ kN$

BC 段: $F_{N2} = F_1 - F_2 = (10 - 30)\ kN = -20\ kN$

② 求各段杆截面上的应力。

AB 段: $R = \dfrac{F_{N1}}{S_1} = \dfrac{10 \times 10^3}{200} MPa = 50\ MPa$

BC 段: $R = \dfrac{F_{N2}}{S_2} = \dfrac{-20 \times 10^3}{500} MPa = -40\ MPa$

(2) 求杆件的总变形:

由于各段杆长内的轴力不尽相同,故需分段计算,总变形等于各段变形的代数和。

① 求各段杆的变形。

AB 段: $\Delta l_1 = \dfrac{F_{N1} l}{ES_1} = \dfrac{10 \times 10^3}{200 \times 10^3 \times 200} mm = 0.025\ mm$

$$BC 段: \Delta l_2 = \frac{F_{N2}l}{ES_2} = \frac{-20\times10^3}{200\times10^3\times500}\,mm = -0.02\ mm$$

② 杆件的总变形量。

$$\Delta l = \Delta l_1 + \Delta l_2 = (0.025-0.02)\,mm = 0.005\ mm$$

微视频
材料拉伸或压缩时的力学性能

5.3 材料拉伸或压缩时的力学性能

两根几何尺寸相同的杆件,受相同大小的轴向拉力作用,其中一根的材料是木材,另一根的材料是钢材,显然,钢杆比木杆的承载能力要强很多。由前面的分析可知,衡量一个杆件是否破坏,不仅需要研究杆件在外力作用下的最大应力,还需要研究材料本身强度方面的性能。因而研究材料在一定温度条件和外力作用下所表现出来的抵抗变形和断裂的能力(即材料的力学性能)十分重要。前面已提到过的杨氏模量 E、泊松比 ν 等,都是材料的力学性能指标。材料力学性能由试验测定,试验表明:材料的力学性能不但取决于材料的成分及其内部的组织结构,还与试验条件(如受力状态、温度及加载方式等)有关。材料在常温和静载作用下处于轴向拉伸和压缩时的力学性能是材料最基本的力学性能。

5.3.1 标准试样

本书讨论在常温缓慢加载条件下受拉和受压时材料的力学性能。这些力学性能,是通过试验来测定的。为使试验结果具有可比性,试样必须按照国家标准进行制作。

1. 拉伸试样

拉伸试验是研究材料力学性能最常用和最基本的试验,为了便于对试验结果进行比较,需将试验材料按照国家标准制成标准试样(称为比例试样)。一般金属材料采用圆截面或矩形截面的标准试件,如图 5-7 所示。

试验时在试样等直部分的中部取长度为 L 的一段测量变形的工作段,其长度 L 称为标距。对于圆截面试件,如图 5-7a 所示,通常将标距 L 与横截面直径

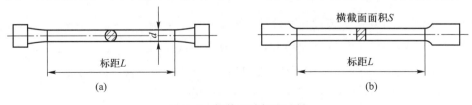

图 5-7 拉伸试验标准试样

d 的比例规定为 $L=10d$ 或 $L=5d$。对于矩形截面试件，如图 5-7b 所示，其标距与横截面面积的比例规定为 $L=11.3\sqrt{S}$ 和 $l=5.65\sqrt{S}$，如图 5-8 所示为拉伸试验装置示意图。

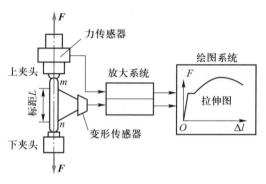

图 5-8　拉伸试验装置示意图

2. 压缩试样

压缩试样通常采用圆形截面或正方形截面的短柱体，如图 5-9 所示，其长度 L 与横截面直径 d 或边长 b 的比值一般规定为 1~3，这样才能避免试样在试验过程中被压弯。

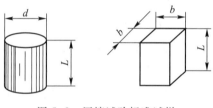

图 5-9　压缩试验标准试样

5.3.2　低碳钢拉伸试验

拉伸试验是将加工好的试样两端固定在试验机的夹头中，然后开动试验机，缓慢地增大拉力，使试样发生伸长变形直至最后被拉断。试验过程中，记下一系列拉力值 F 和对应的变形 ΔL 值，然后以横坐标表示变形，以纵坐标表示拉力，按比例绘出 F-ΔL 曲线，称该曲线为试样的拉伸曲线。

为消除试样尺寸的影响，分别用变形前的原始标距长 L_0 和横截面面积 S 去除 ΔL 和 F，拉伸曲线就被改绘成以 e 为横坐标，以 R 为纵坐标的 R-e 曲线，称该曲线为应力-应变曲线。只要比例选得适当，F-ΔL 曲线和 R-e 曲线的形状是相似的。

低碳钢（含碳量不超过 0.3%）是一种工程中广泛应用的塑性材料，其拉伸曲线和应力-应变曲线如图 5-10 和图 5-11 所示。从图中可看出，低碳钢试样在拉伸过程中的变形大致可分为四个阶段：

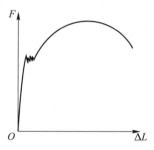

图 5-10　低碳钢的拉伸曲线

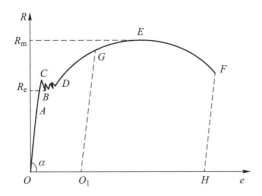

图 5-11 低碳钢的应力-应变曲线

1. 弹性阶段（*OB* 段）

该段的特点是试样的变形只有弹性变形,即在 *OB* 段上任意一点卸载,*R-e* 曲线都会严格循着 *BO* 线返回至 *O* 点,试样的变形全部消失。

初始段 *OA* 为直线,这表明 *R* 与 *e* 成正比例的关系,符合胡克定律。直线 *OA* 段对横坐标轴倾角 α 的正切值,就等于材料的杨氏模量 *E*。这种在弹性阶段内,应力与应变保持正比例关系的特性称为线弹性。

R-e 曲线过了 *A* 点进入 *AB* 段以后,不再保持直线形状。这说明 *R*、*e* 之间的正比例关系已不复存在,但材料在此阶段产生的变形仍为弹性变形。

2. 屈服阶段（*CD* 段）

当载荷继续增大,使应力达到 *C* 点所对应的应力值后,应力不再增加或出现微小的波动,应变却迅速增长,这表明材料已暂时失去了抵抗变形的能力,这种现象称为材料的屈服。根据国家标准规定,在应力波动的 *CD* 段中,出现的最小应力值称为材料的屈服强度,用符号 R_e 表示。

材料在屈服阶段产生的变形卸载后不会全部消失,即产生了塑性变形或残余变形,因此屈服强度是塑性材料的重要力学性能指标。在工程设计中,构件的应力通常都必须限制在屈服强度以内,Q235 钢的屈服强度 $R_e = 235$ MPa。

在屈服阶段,经过抛光处理的试样表面上,可以看到与轴线约成 45°的细微条纹(图 5-12)。这些条纹是因为材料的微小晶粒沿最大切应力作用面产生滑移错动引起的,固称为滑移线或剪切线,这一现象说明塑性材料的破坏是由最大切应力引起的。

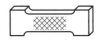

图 5-12 塑性材料在屈服阶段产生的滑移线

3. 强化阶段（*DE* 段）

屈服阶段过后,材料由于塑性变形使内部的晶体结构得到了调整,其抵抗变形的能力又有所恢复。欲使应变增加,就必须加大载荷使应力增大,这一变形阶段称为材料的强化阶段。拉伸曲线最高点(*E* 点)所对应的应力值称为材料的抗拉强度,用符号 R_m 表示。R_m 也是衡量材料强度的一个重要指标,Q235 钢的强度极限 $R_m = 390$ MPa。

4．颈缩阶段(EF 段)

应力达到 R_m 后,试样的变形集中于某一局部,这个局部的横截面面积将急剧缩小,形成如图 5-13 所示的瓶颈状,称为颈缩。此后,试样在颈缩部分迅速被拉断。

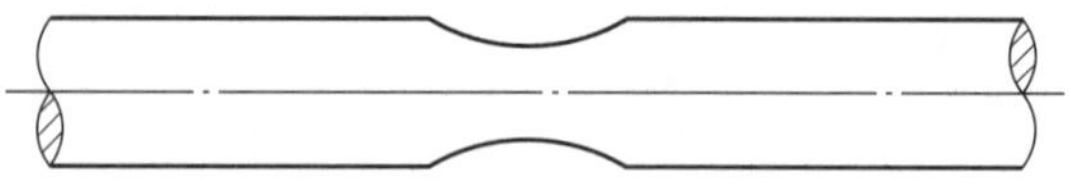

图 5-13　拉伸试样的颈缩现象

试样被拉断后,弹性变形消失,而塑性变形却残留下来。试样产生塑性变形的程度通常以延长率(或断后伸长率)A 和断面收缩率 Z 表示,A 和 Z 是材料的两个塑性指标。

断后伸长率是以百分比表示的试样单位长度的塑性变形,即:

$$A = \frac{L_u - L_0}{L_0} \times 100\% \tag{5-11}$$

式中,L_u 为试样拉断后标距段(含塑性变形)的拼合长度;L_0 为试样原始标距。试验证明,A 的大小与试样的规格有关。

断面收缩率是试样横截面面积改变的百分率,即:

$$Z = \frac{S_0 - S_u}{S_0} \times 100\% \tag{5-12}$$

式中,S_0 为试样的原横截面面积;S_u 为试样断裂处的最小横截面面积。Z 的值越大,材料的塑性越好,Q235 钢的断面收缩率 Z 为 60%~70%。

断后伸长率 A 和断面收缩率 Z 是衡量材料塑性的重要指标。A、Z 值越大,说明材料的塑性越好。当材料的延伸率 $A \geq 5\%$ 时,称为塑性材料;当 $A < 5\%$ 时,称为脆性材料。

实验过程中,如果将试样拉伸到超过屈服阶段的任一点,如图 5-11 所示的 G 点,然后卸载,试样的 R-e 曲线会沿着与 AO 平行的直线 GO_1,返回到 O_1 点。此时如果再重新加载,其 R-e 曲线则大致沿卸载线 O_1G 上行,到 G 点后,开始出现塑性变形。此后,R-e 曲线仍沿曲线 GEF 变化,直至 F 点试样被拉断。将卸载后重新加载出现的直线段 O_1G 与初加载时的直线段 OA 相比,G 点的应力值显然比 A 点大。这说明材料的线弹性的强度得到了提高。但另一方面,试样断裂后留下的塑性应变(图 5-11 中的 O_1H 段)却大为降低。由此可见:经重复加载处理,材料线弹性的强度增大而塑性变形减小,这种现象称为材料的冷作硬化。工程中常利用冷作硬化来提高某些构件在弹性范围内的承载能力,如将起重机的钢缆、建筑用钢筋等作预拉伸处理。但冷作硬化会使材料变硬变脆,不易加工,而且会降低材料抗冲击和抗振动的能力。

5.3.3 其他塑性材料拉伸时的力学性能

如图 5-14 所示绘出了其他几种塑性材料拉伸时的 $R-e$ 曲线。与 Q235 钢相比较,它们都有线弹性阶段(青铜的线弹性段极短),有些材料有明显的屈服阶段,有些没有。对于这些没有明显屈服阶段的材料,因为不能求得其真实的屈服强度 R_e,根据国家标准的规定,为便于工程上的应用,将试样产生塑性应变为 0.2%时所对应的应力值作为这些材料的规定塑性延伸强度,并用符号 $R_{p0.2}$ 表示,如图 5-15 所示。

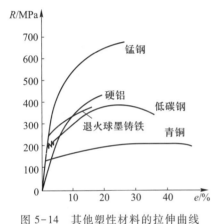

图 5-14 其他塑性材料的拉伸曲线

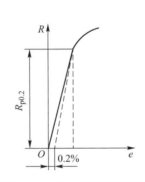

图 5-15 规定塑性延伸强度

5.3.4 铸铁拉伸时的力学性能

铸铁是一种典型的脆性材料。由图 5-16 所示的铸铁试样拉伸的 $R-e$ 曲线可以看出,铸铁拉伸时,有如下几个显著的力学特性。

(1) $R-e$ 曲线无明显直线部分。因此,严格地说,铸铁不具有线弹性阶段。工程应用时,一般在应力较小的区段作一条割线(通常以总应变为 0.1%时的应力-应变曲线的割线,如图 5-16 所示的虚线,)近似代替原来的曲线,从而确定其杨氏模量,并将此杨氏模量称为割线杨氏模量。

(2) 拉伸过程中无屈服阶段,也没

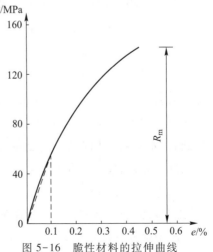

图 5-16 脆性材料的拉伸曲线

有颈缩现象。

（3）在整个试验过程中只能测出抗拉强度 R_m，因此强度极限 R_m 是衡量强度的唯一指标。

5.3.5　低碳钢压缩时的力学性能

低碳钢在压缩时的 R_c-e 曲线如图 5-17a 中的实线所示，图中虚线部分表示低碳钢拉伸时的 R-e 曲线。可见，在材料屈服以前，压缩和拉伸的曲线基本重合，这表明材料的拉伸、压缩杨氏模量 E 以及屈服极限 R_e 基本相等。但超过屈服强度以后，由于低碳钢的塑性良好，随着压力的增加，试样的横截面面积不断增大，最后被压成饼状体而不破裂，如图 5-17b 所示。因此，低碳钢受压时测不出强度极限。所以一般不作低碳钢的压缩试验，而从拉伸试验得到压缩时的主要力学性能。

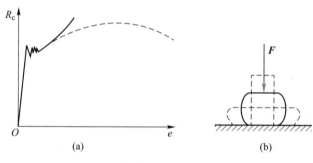

图 5-17　低碳钢压缩时的力学性能

5.3.6　铸铁压缩时的力学性能

脆性材料拉伸和压缩时的力学性能显著不同，铸铁压缩时的 R_c-e 曲线如图 5-18 所示。图中虚线为拉伸时的 R-e 曲线。可以看出，铸铁压缩时的 R_c-e 曲线也没有直线部分，因此压缩时也只是近似地符合胡克定律。铸铁压缩时的强度极限比拉伸时高出 4~5 倍。对于其他脆性材料，如硅石、水泥等，其抗压强度也显著高于抗拉强度。另外，铸铁压缩时，断裂面与轴线夹角约为 45°，所以试样的破坏形式属于剪断，说明铸铁的抗剪能力低于抗压能力。

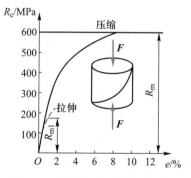

图 5-18　铸铁压缩时的力学性能

由于脆性材料塑性差、抗拉强度低，而抗压能力强、价格低廉，故宜制作承压构件。铸铁坚硬耐磨,且易于浇铸,因此广泛应用于铸造机床床身、机壳、底座、阀门等受压配件。因此,其压缩试验比拉伸试验更为重要。

综上所述,塑性材料和脆性材料在常温和静载下的力学性能有很大的区别。塑性材料的抗拉强度比脆性材料的抗拉强度高,故塑性材料一般用来制作受拉构件;脆性材料的抗压强度高于抗拉强度,一般用来制作受压构件。另外,塑性材料能产生较大的塑性变形,而脆性材料的变形较小,因此当受力较大时,塑性材料因变形大而不易破坏,但脆性材料因变形小而易断裂。必须指出,材料的塑性或脆性,实际上与工作温度、变形速度、受力状态等因素有关。例如,低碳钢在常温下表现为塑性,但在低温下表现为脆性;石料通常被认为是脆性材料,但在各向受压的情况下,却表现出很好的塑性。

常用材料的力学性能指标可参见表 5-2。

表 5-2 常用材料的力学性能指标

材料名称	牌号	R_e/MPa	R_m/MPa	A/100%
普通碳素钢	Q215	186~216	333~412	31
	Q235	216~235	373~461	25~27
优质碳素结构钢	15	226	373	27
	40	333	569	19
	45	333	598	16
普通低合金结构钢	Q345	345	471~510	19~21
	Q390	390	490~549	17~19
合金结构钢	20Cr	539	834	10
	40Cr	785	981	9
	50Mn2	785	932	9
碳素铸钢	ZG200-400	200	400	25
	ZG270-500	270	500	18
可锻铸铁	KTZ450-06	270	450	6
	KTZ650-02	430	650	2
球墨铸铁	QT450-10	310	450	10
	QT500-7	320	500	7
	QT600-3	370	600	3
灰铸铁	HT150	—	拉 98.1~274 压 637	—
	HT300		拉 255~294 压 1 088	

5.4　轴向拉伸或压缩时的强度计算

5.4.1　材料的极限应力、许用应力与安全系数

通过材料的拉伸（压缩）试验，可以看到，当正应力到达抗拉强度 R_m 时，就会引起断裂；当正应力到达屈服强度 R_e 时，试件就会产生显著的塑性变形。一般情况下，为保证工程结构能正常工作，要求组成结构的每一构件既不断裂，也不产生过大的变形。因此，工程中把材料断裂或产生塑性变形时的应力统称为材料的极限应力，用 R^0 表示。

对于脆性材料，因为它没有屈服阶段，在变形很小的情况下就发生断裂破坏，所以它只有一个强度指标，即抗拉强度 R_m。因此，通常以抗拉强度作为脆性材料的极限应力，即 $R^0 = R_m$。对于塑性材料，由于它一经屈服就会产生很大的塑性变形，构件也就恢复不了它原有的形状，因此一般取它的屈服强度作为塑性材料的极限应力，即 $R^0 = R_e$。

显然，以极限应力 R^0 作为工程设计中构件的工作应力的上限是危险的。考虑到实际构件的加工方法、加工质量、工作条件等因素，为保证构件工作的安全可靠，必须留有适当的强度储备或安全储备。为了保证构件能够正常地工作和具有必要的安全储备，必须使构件的工作应力小于材料的极限应力。为此，引入许用应力的概念。许用应力是指构件正常工作时所允许承受的最大应力，用 $[R]$ 表示，其值为：

$$[R] = \frac{R^0}{n} \tag{5-13}$$

式中，n 为大于 1 的正数，称为安全系数。

对于塑性材料：

$$[R] = \frac{R_e}{n_S} \tag{5-14}$$

式中，n_s 为对应于屈服极限的安全系数。

对于脆性材料：

$$[R] = \frac{R_m}{n_b} \tag{5-15}$$

式中，n_b 为对应于强度极限的安全系数。

对于塑性材料构件，其拉、压许用应力一般是相同的；对于脆性材料构件，则应分别根据其拉、压试验测定的 R_m、R_{mc} 定出其许用拉应力 $[R]$ 和许用压应力

$[R_c]$。几种常用材料的许用应力值如表 5-3 所示:

表 5-3 常温、静载和一般工作条件下几种常用材料许用应力[R]的约值

材料	许用应力/MPa	
	$[R]$	$[R_c]$
普通碳素钢(Q215)	137~152	137~152
普通碳素钢(Q235)	152~167	152~167
优质碳素钢(45 钢)	216~238	216~238
铜	30~120	30~120
铝	29~78	29~78
灰铸铁	31~78	120~150
混凝土	0.098~0.69	0.98~8.8
松木(顺纹)	6.9~9.8	9.8~11.7

安全系数 n 的取值,直接影响到许用应力的高低。如果许用应力定得太高,即安全系数偏低,结构物偏于危险;反之,则材料的强度不能充分发挥,造成物质上的浪费。所以,安全系数成为使用材料的安全性与经济性矛盾中的关键。正确选取安全系数是一个很重要的问题,一般要考虑以下一些因素:

(1) 材料的不均匀性。

(2) 载荷估算的近似性。

(3) 计算理论及公式的近似性。

(4) 构件的工作条件、使用年限等差异。

安全系数通常由国家有关部门规定,可以在有关规范中查到。目前,在一般静载条件下,塑性材料可取 $n_s = 1.25 \sim 2.5$,脆性材料可取 $n_b = 2.0 \sim 5.0$。随着材料质量、施工方法、计算理论和设计方法的不断改进,安全系数的选择将会日趋合理。

5.4.2 轴向拉伸或压缩时的强度条件

工程实际中,构件上应力最大值所在的截面称为危险截面,而应力最大值所在的点称为危险点。为了保证构件具有足够的强度,必须使危险点的应力值不超过材料的许用应力。即轴向拉伸或压缩时的强度条件为:

$$R_{max} = \frac{F_{Nmax}}{S} \leqslant [R] \qquad (5-16)$$

式中,F_N 和 S 分别为危险截面的轴力和截面面积,此式称为轴向拉伸或压缩时的强度条件公式。

注意:脆性材料的许用拉应力与许用压应力不等。因此在使用强度条件时,先看一下构件是什么材料,再判断是拉应力还是压应力。

在工程应用中,根据强度条件,可以进行三种类型的强度计算。

（1）强度校核。在已知构件尺寸、许用应力和所受外力的情况下,根据式(5-16)验算构件是否满足强度条件的要求,从而判断构件能否安全工作。

（2）选择或设计横截面尺寸。在已知构件的许用应力和所受外力的情况下,根据强度条件决定构件的横截面尺寸,即:

$$S \geqslant \frac{F_{max}}{[R]} \tag{5-17}$$

（3）在已知构件的横截面尺寸和许用应力的情况下,求得轴力的最大许可值,并由此确定许可载荷。对于等直拉(压)杆,轴力的最大许可值$[F_N]$为:

$$[F_N] = S[R] \tag{5-18}$$

下面举例说明上述三类问题的解决方法。

【例 5-4】　如图 5-19 所示,砖柱在柱顶受到轴向压力 $F = 260$ kN 作用。已知砖柱的横截面面积为 $S = 0.3$ m^2,自重 $G = 40$ kN,作用在砖柱的重心,材料的许用压应力$[R_c] = 1.2$ MPa,试校核砖柱的强度。

解:画砖柱的轴力图,可知砖柱轴力的最大值为 $F_{Nmax} = 300$ kN,则应力的最大值为:

$$R_{cmax} = \frac{F_{Nmax}}{S} = \frac{300 \times 10^3}{0.3 \times 10^6} \text{MPa} = 1 \text{ MPa}$$

$$R_{cmax} < [R_c]$$

即砖柱的强度足够。

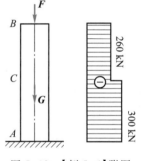

图 5-19　【例 5-4】附图

【例 5-5】　钢架的尺寸和受力情况如图 5-20a 所示。材料为 Q235 钢,已知 AB 杆、BC 杆都为圆截面钢杆,AB 杆的直径 $d_1 = 60$ mm,BC 杆的直径 $d_2 = 50$ mm,许用应力为$[R] = 160$ MPa,求钢架能承受的最大载荷 F。

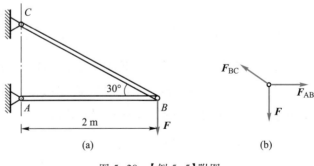

图 5-20　【例 5-5】附图

解:(1) 外力分析

以 B 点为研究对象,画受力图如图 5-20b 所示,列平衡方程以求两根杆所受的外力:

$$\sum F_{ix} = 0 \quad F_{AB} - F_{BC}\cos 30° = 0$$

$$\sum F_{iy} = 0 \quad F_{BC}\sin 30° - F = 0$$

求得 $F_{AB} = 1.732P, F_{BC} = 2F$

(2) 内力分析

杆 AB 上轴力为压力: $F_{NAB} = F_{AB} = 1.732F$

杆 BC 上轴力为拉力: $F_{NBC} = F_{BC} = 2F$

(3) 强度计算

由 $R_{AB} = \dfrac{F_{NAB}}{S_1} = \dfrac{1.732F}{\dfrac{\pi \times 60^2}{4}\text{mm}^2} \leqslant 160 \text{ MPa}$,解得 $F \leqslant 261.2$ kN

由 $R_{BC} = \dfrac{F_{NBC}}{S_2} = \dfrac{2F}{\dfrac{\pi \times 50^2}{4}\text{mm}^2} \leqslant 160 \text{ MPa}$,解得 $F \leqslant 157.1$ kN

能同时满足以上两个不等式的解为 $F \leqslant 157.1$ kN,所以钢架按拉(压)强度条件能承受的最大载荷为 $F = 157.1$ kN。

【例 5-6】 如图 5-21a 所示的起重机起吊重物重:$W = 35$ kN,绳索 AB 的许用应力为 $[R] = 45$ MPa,根据强度条件选择绳索直径。

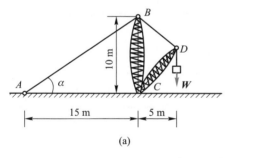
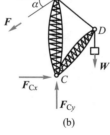

图 5-21 【例 5-6】附图

解:(1) 外力分析

为求绳索受力,取 BCD 为研究对象,画受力图如图 5-21b 所示,列平衡方程:

由 $F \times \dfrac{30}{\sqrt{13}} - W \times 5 = 0$,可得 $F = 21.08$ kN。

(2) 内力分析

绳索受拉,对应的内力是轴力,其值 $F_N = F = 21.08$ kN

（3）强度计算

由 $R=\dfrac{F_{\mathrm{N}}}{S}\leqslant[R]$，得 $d\geqslant24.42$ mm。

即根据强度条件，绳索的直径可选择 25 mm。

5.4.3　圣维南原理与应力集中的概念

在计算轴向拉伸或压缩杆件的应力时，认为应力沿截面是均匀分布的。实际上，应用式（5-2）来计算拉压杆的应力是有前提的，只有对于直杆、横截面尺寸无突变，并且距离外力作用点较远的截面处，才可以应用该公式。该公式是以直杆为研究对象推导出来的，因此容易理解。其余两个限制条件分别用以下两个概念给以解释。

1．圣维南原理

法国力学家圣维南在 1855 年指出，载荷作用于杆端方式的不同，不会影响距离杆端较远处的应力分布，这就是著名的圣维南原理。杆端局部范围内的应力分布会受到影响，影响区的轴向范围大约是杆件横向尺寸的 1~2 倍。此原理已被大量试验与计算所证实。如图 5-22a 所示承受集中力 F 作用的杆，其截面宽度为 δ，高度为 h，且 $\delta<h$，在 $x=h/4$ 与 $h/2$ 的横截面 1—1 与 2—2 上，应力为非均匀分布（图 5-22b），但在 $x=h$ 的横截面 3—3 上，应力则已趋向均匀（图 5-22c）。因此，只要载荷合力的作用线沿杆件轴线，在距集中载荷作用点稍远处，横截面上的应力分布都可视为均匀的，就可按式（5-2）计算横截面上的应力。

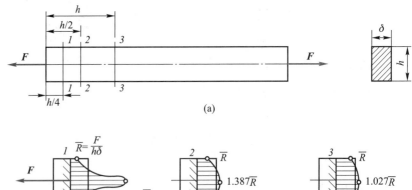

(a)

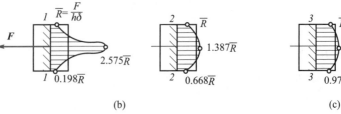

(b) (c)

图 5-22　横截面上的应力

2．应力集中的概念

等截面直杆受轴向拉伸或压缩时，除两端受力的局部区域外，横截面上的应力是均匀分布的,但当构件的形状或横截面尺寸有突变(如具有沟槽或孔等)时,情况就有所不同了。在沟槽或孔所在的局部区域内,应力将急剧增大。如图 5-23a 所示,含圆孔的受拉薄板,圆孔处截面 A—A 上的应力分布如图 5-23b 所示,其最大应力显著超过了该截面的平均应力。这种由于截面尺寸急剧变化所引起的应力局部增大的现象,称为应力集中。

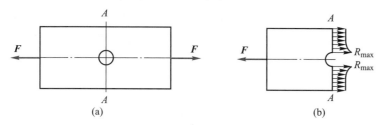

图 5-23　应力集中

试验结果表明:截面尺寸改变得越急剧、角越尖、孔越小,应力集中的程度就越严重。因此,构件上应尽可能地避免带尖角的孔和槽,在阶梯轴的轴肩处要用圆弧过渡,并且应尽量使圆弧的半径大一些。

3. 应力集中对构件强度的影响

当构件的形状发生突变时,在突变位置会出现应力集中现象。由于工程实际的需要,不可避免地要在构件上留有孔、切口等,使截面形状在某一部位发生变化,因此必须考虑应力集中对构件强度的影响。但应力集中对构件强度的影响会随材料性质的不同而有所区别。

对于塑性材料,随着外力的增加,应力最大值点的应力最先达到屈服强度 R_e,之后应力不再继续增大而应变增加,其他点的应力继续增大到屈服强度 R_e,以保持内外力的平衡,如图 5-24 所示。构件的屈服区域逐渐扩展,直至截面上各点的应力值都达到屈服强度时,构件才丧失工作能力。因此,对于塑性材料,应力集中现象并不能显著降低其抵抗载荷的

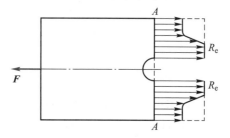

图 5-24　塑性材料的应力集中

能力,在强度设计中可以不考虑应力集中的影响。

对脆性材料而言,由于没有屈服阶段,当出现应力集中现象时,一旦应力集中处的最大值达到材料的强度极限,构件就会突然断裂。这大大降低了构件的承载能力,因此在强度设计中必须考虑应力集中对它的影响。

对常用的铸铁构件来讲,由于内部组织很不均匀,内部到处都有应力集中,相比之下,由于构件外形突变引起的应力集中就成为微不足道的因素,因此在静载荷作用下的铸铁构件的计算可以不考虑其影响。

5.5　剪切和挤压时的应力

实际工程中的零件、构件之间,往往用联接件相互联接(图 5-25),如螺栓联接、铆钉联接、销轴联接和键块联接等;联接也可不用联接件,如榫联接、焊接联接及粘胶联接等。联接件往往发生的是剪切和挤压变形,而联接对整个结构的牢固和安全起着重要作用,因此对其强度分析应予以足够重视。

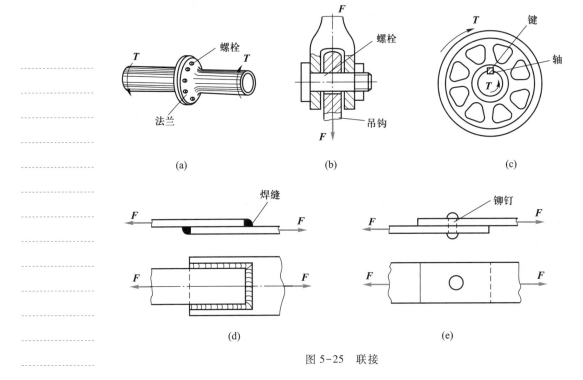

图 5-25　联接

由于发生剪切和挤压变形的联接件大多为粗短杆,应力和变形规律比较复杂,因此理论分析十分困难,通常采用实用计算法。

以联接两块钢板的螺栓联接为例,研究联接的受力特点及可能发生的各种破坏现象。如图 5-26a 所示,当钢板受到拉力 F 的作用后,由两块钢板传到螺栓上的力有两组。这两组力的合力均为 F,作用方向相反并与螺栓轴线垂直。在它们的作用下,螺栓主要在截面 m—m 处发生剪切变形。由于作用线相距很近,所以弯曲变形可略去不计。若 F 力过大或螺栓直径偏小,则螺栓可能沿 m—m 截面被剪断而发生剪切破坏,如图 5-26b 所示。m—m 截面称为剪切面,剪切面上的内力 F_Q 为剪力,相应的应力 τ 为切应力,如图 5-26c 所示。

螺栓除可能发生剪切破坏外,还可能局部受挤压而破坏。这是因为螺栓和钢板在相互传递作用力的过程中,螺栓的半圆柱面与钢板的圆孔内表面相互压紧。若 F 力过大或接触面偏小,钢板孔的内壁将被压皱,或螺栓表面被压扁,这就是挤压破坏。如图 5-26a 所示螺栓和钢板孔的挤压面为一半圆柱面(图 5-26c)。两部分接触面上的压力为挤压力 F_c,显然这里 $F_c = F$;相应的应力为挤压应力 R_c。

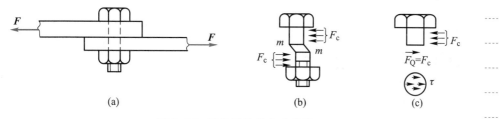

图 5-26 螺栓联接的应力分析

另外,对图 5-26a 所示的螺栓联接来说,除了可能发生上面提到的螺栓沿 m—m 截面的剪切破坏及螺栓侧面或钢板内孔的挤压破坏以外,由于螺栓孔对截面的削弱,还可能发生钢板沿螺栓孔处截面被拉断的破坏情况。

像螺栓、铆钉这样的联接件,一般不为细长杆,由于剪切和挤压破坏面发生在外力作用区域附近,所以变形非常复杂,要用精确的理论方法分析它们的应力分布是非常困难的。同时,受力情况还受制造和装配的影响,因此在工程实际中,通常是采用一种经过简化但切合实际的计算方法即实用计算法来分析其强度。

显然,为了防止联接件在受力后可能发生的各种破坏,在设计联接件时,必须对其有关部分根据受力分析分别进行强度校核。

5.5.1 剪切的实用计算

剪切实用计算的基本点是:假定剪切面上的切应力是均匀分布的。切应力的计算式为:

$$\tau = \frac{F_Q}{S} \qquad\qquad (5\text{-}19)$$

式中:F_Q——剪切面上的剪力;

S——剪切面的面积,如图 5-26 所示的螺栓直径若为 d,则 $S = \dfrac{\pi d^2}{4}$。

显然,式(5-19)确定的切应力,实际上是剪切面上的平均切应力。另一方面,根据对这类联接件实际受力相同或相近的剪切试验确定破坏载荷,按照同样的切应力公式(5-19)算出材料的极限切应力 τ^0,再除以安全系数从而得到材料的许用切应力 $[\tau]$。

因此,剪切强度条件可以表示为:

$$\tau = \frac{F_Q}{S} \leqslant [\tau] \qquad (5-20)$$

材料的许用切应力$[\tau]$与许用拉应力$[R]$之间的关系为:

塑性材料: $[\tau] = (0.6 \sim 0.8)[R]$

脆性材料: $[\tau] = (0.8 \sim 1.0)[R]$

5.5.2 挤压的实用计算

挤压的实用计算是假定挤压应力R_c在计算挤压面S_c上均匀分布,故挤压应力为:

$$R_c = \frac{F_c}{S_c} \qquad (5-21)$$

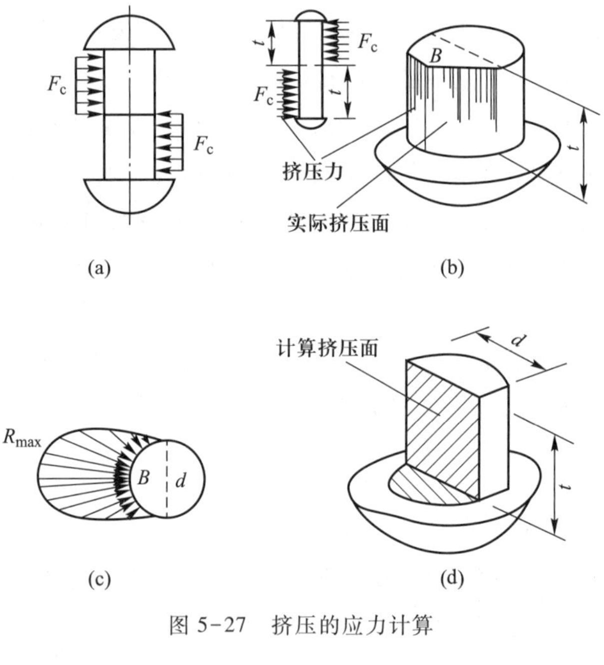

图 5-27 挤压的应力计算

这里需要注意的是挤压面积S_c的计算,若实际挤压面是一个平面,这时计算挤压面的面积就等于实际挤压面的面积;但对于螺栓、销钉这类联接件,它们的实际挤压面是半个圆柱面,如图 5-27 所示,其上挤压应力的分布情况比较复杂,如图 5-27c 所示。在实用计算中,是以实际挤压面的正投影面积(或称直径面积)作为计算挤压面积,如图 5-27d 所示,即:

$$S_c = t \cdot d \qquad (5-22)$$

式中:t——钢板厚度;

d——铆钉或螺栓直径。

确定许用挤压应力也是首先按照联接件的实际工作情况,由试验测定使其半圆柱表面被压溃的挤压极限载荷,然后按实用挤压应力公式(5-21)算出其挤压的极限应力,再除以适当的安全系数而得到材料的许用挤压应力 $[R_c]$。由此,可建立联接件的挤压强度条件:

$$R_c = \frac{F_c}{S_c} \leq [R_c] \qquad (5-23)$$

各种常用工程材料的许用挤压应力可由有关规范查得,对于钢联接件,其许用挤压应力 $[R_c]$ 与钢材的许用应力 $[R]$ 之间大致有如下关系:

$$[R_c] = (1.7 \sim 2.0)[R]$$

【例 5-7】 矩形截面木拉杆的榫接头如图 5-28 所示,已知拉力 $F = 50$ kN,相关尺寸为 $b = 250$ mm,$c = 300$ mm,$a = 30$ mm,木材的许用切应力 $[\tau] = 1$ MPa,许用挤压应力 $[R_c] = 10$ MPa,试校核接头处的强度。

解:(1)内力分析

榫接头所发生的变形是剪切面上的剪切变形和侧面的挤压变形。

剪力:$F_Q = F = 50$ kN

挤压力:$F_c = F = 50$ kN

(2)强度校核

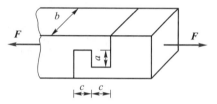

图 5-28 【例 5-7】附图

剪切强度:$\tau = \dfrac{F_Q}{S} = \dfrac{50 \times 10^3 \text{ N}}{250 \text{ mm} \times 300 \text{ mm}} = 0.67$ MPa

挤压强度:$R_c = \dfrac{F_c}{S_c} = \dfrac{50 \times 10^3 \text{ N}}{250 \text{ mm} \times 30 \text{ mm}} = 6.67$ MPa

已知 $[\tau] = 1$ MPa,$[R_c] = 10$ MPa,可得 $\tau < [\tau]$,$R_c < [R_c]$

所以,剪切和挤压满足强度要求。

【例 5-8】 某接头部分的销钉如图 5-29 所示,已知:$F = 100$ kN,$D = 45$ mm,$d_1 = 32$ mm,$d_2 = 34$ mm,$\delta = 12$ mm。试求销钉的切应力 τ 和挤压应力 R_c。

解:由图 5-29 所示看出销钉的剪切面是一个高度为 $\delta = 12$ mm、直径为 $d_1 = 32$ mm 的圆柱体的外表面,挤压面是一个外径 $D = 45$ mm、内径 $d_2 = 34$ mm 的圆环面。

剪切面积为:$S = \pi d_1 \delta = \pi \times 32 \text{ mm} \times 12 \text{ mm} = 1206 \text{ mm}^2$

挤压面积为:$S_c = \dfrac{\pi}{4}(D^2 - d^2) = \dfrac{\pi}{4}(45^2 - 34^2) \text{ mm}^2 = 683 \text{ mm}^2$

根据力的平衡条件可得:

剪力 $\quad F_Q = F = 100$ kN

挤压力 $\quad F_c = F = 100$ kN

则求得:

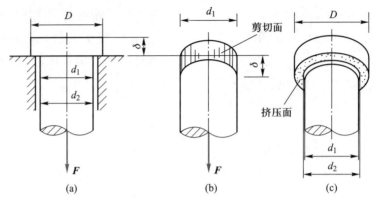

图 5-29　【例 5-8】附图

切应力　　　　$\tau = \dfrac{F_Q}{S} = \dfrac{100 \times 10^3 \text{ N}}{1206 \text{ mm}^2} = 82.9 \text{ MPa}$

挤压应力　　$R_c = \dfrac{F_c}{S_c} = \dfrac{100 \times 10^3 \text{ N}}{683 \text{ mm}^2} = 146.4 \text{ MPa}$

5.5.3　剪切胡克定律

发生剪切变形时,杆件内与外力平行的截面就会产生相对错动。如图 5-30a 所示,在杆件受剪的部位中取一个微小的正六面体。由于切应力作用,单元体棱角之间发生改变,正六面体变成斜六面体,如图 5-30b 所示。正六面体直角改变量称为切应变,用 γ 表示,其单位是 rad(弧度)。试验表明:当切应力不超过材料的剪切比例极限 τ_p 时,切应力 τ 与切应变 γ 成正比关系,这就是剪切胡克定律,如图 5-30c 所示。剪切胡克定律的表达式为:

$$\tau = G\gamma \tag{5-24}$$

式中,G 为剪切弹性模量,量纲与切应力相同,常用单位为 GPa,数值与材料的性质有关,钢的 G 值约为 80 GPa。

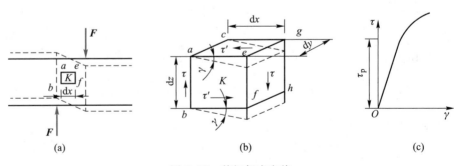

图 5-30　剪切胡克定律

在前面讨论轴向拉伸或压缩变形时,曾引入材料的两个弹性常数——杨氏模量 E 和泊松比 ν。现在又引进一个新的弹性常数——剪切弹性模量 G。对各向同性材料,可以证明三个常数 E、ν 和 G 之间存在如下关系:

$$G = \frac{E}{2(1+\nu)} \tag{5-25}$$

由式(5-25)可知,各向同性材料的三个弹性常数只有两个是独立的。

5.5.4　切应力互等定理

如图 5-31 所示,正六面体的三个方向的尺寸分别为 l、dx、dy。单元体的左右两侧面是剪切变形横截面的一部分,故在这两个侧面上只有切应力面而无正应力。两个面上的切应力数值相等、方向相反,于是两个面上的剪力组成了一个力偶,其力偶矩为 $(\tau \cdot l \cdot dy)dx$。因为单元体是平衡的,由 $\sum M = 0$。可知,它的上、下两个侧面上必然存在等值、反向的切应力为 τ',于是上下两侧面的剪力也组成力偶矩为 $(\tau' \cdot l \cdot dx)dy$ 的力偶,与上述力偶平衡。由单元体的平衡条件 $\sum M = 0$ 得:

$$(\tau \cdot l \cdot dy)dx = (\tau' \cdot l \cdot dx)dy$$
$$\tau = \tau' \tag{5-26}$$

式(5-26)表明,在相互垂直的两个平面上,切应力必然成对存在,且数值相等,两者都垂直于两平面的交线,其方向则共同指向或共同背离该交线,这就是切应力互等定理。

如图 5-31 所示的单元体,四个侧面上只有切应力而无正应力,这种情况称为纯剪切。

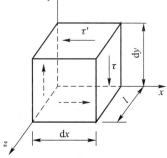

图 5-31　切应力互等定理

5.6　圆轴扭转时的应力

圆轴扭转时,用截面法求得横截面上的扭矩后,还应进一步确定横截面上应力分布规律,以便求出最大应力。解决这一问题的途径与推导拉(压)杆横截面上的正应力公式相类似,必须从轴的变形特点入手。

5.6.1　圆轴扭转时的应力分析

1. 试验现象

取一等直圆轴,在其圆柱表面画上一组平行于轴线的纵向线和一组代表横

微视频

圆轴扭转时的应力分布

截面的圆周线,形成许多小矩形,如图 5-32a 所示。然后将其一端固定,在另一端作用一个作用面与轴线垂直的力偶矩为 M 的外力偶,如图 5-32b 所示。此时圆轴发生扭转变形,在小变形的情况下,可以观察到如下两个现象:

（1）圆周线的形状、大小以及两圆周线间的距离均无变化,只是绕轴线转过了不同的角度。

（2）所有纵向线仍近似为一条直线,只是倾斜了同一个角度 γ,使原来的小矩形变成了平行四边形。

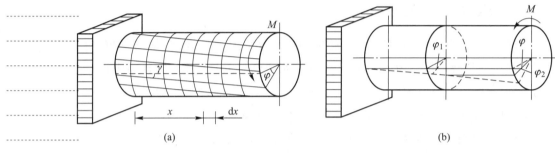

图 5-32　圆轴扭转

2. 扭转平面假设

根据观察到的表面变形现象,横截面边缘上各点（即圆周线）变形后仍在垂直于轴线的平面内,且离轴线的距离不变,推论整个横截面上每一点也如此,从而得到如下两个假设:

（1）扭转前的横截面,变形后仍保持为平面,且大小与形状保持不变,半径仍保持为直线。这个假设就是扭转变形的平面假设。

按照这个假设,扭转变形可视为各横截面像刚性平面一样,一个接着一个产生绕轴线的相对转动,如图 5-32b 所示。

（2）因为扭转变形时,轴的长度不变,由此可假设各横截面间的距离保持不变。

3. 两点推理

根据上面的假设,可得如下两点推理:

（1）由于扭转变形时,相邻横截面发生旋转式的相对滑移,而出现了剪切变形,因此横截面上必然存在着与剪切变形相对应的切应力;又因为圆轴的半径大小不变,可以推想切应力必定与半径垂直。

（2）由于扭转变形时,相邻横截面间的距离保持不变,所以线应变 $e = 0$,由此推论横截面上不存在正应力,即 $R = 0$。

4. 三种关系

下面从变形几何关系、物理关系和静力学关系三方面来建立扭转变形时横截面上切应力的计算公式。

（1）变形几何关系

从受扭转的圆轴中用两截面截取相距为 dx 的微段,如图 5-33a 所示,并且用夹角为无限小的两个纵截面从微段中截取一个楔形体,如图 5-33b 所示。

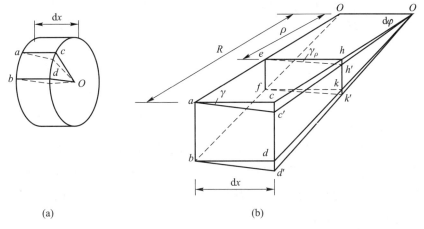

(a)   (b)

图 5-33 圆轴扭转时的变形几何关系

根据前面的假设,圆轴变形后,两截面相对转动了 dφ 角,使表面的矩形 $abdc$ 变成了平行四边形 $abd'c'$,直角 bac 的角度改变量 γ 就是圆周上任一点处的切应变。直角 feh 的角度改变 γ_ρ 就是横截面上距圆心为 ρ 的任意一点 e 处的切应变。在小变形时,由图上的几何关系可以看出:

$$\gamma \approx \tan \gamma = \frac{hh'}{eh} = \frac{\rho \mathrm{d}\varphi}{\mathrm{d}x}$$

$$\gamma_\rho = \rho \frac{\mathrm{d}\varphi}{\mathrm{d}x} \tag{5-27}$$

式中,$\mathrm{d}\varphi/\mathrm{d}x$ 表示扭转角 φ 沿轴线的变化率,为两个截面相隔单位长度时的扭转角,称为单位长度的扭转角,用符号 θ 表示,即 $\theta = \mathrm{d}\varphi/\mathrm{d}x$,同一截面上 $\mathrm{d}\varphi/\mathrm{d}x$ 为定值。式(5-27)表明:扭转轴内任一点的切应变 γ_ρ 与该点到圆心的距离 ρ 成正比。

（2）物理关系

根据剪切胡克定律,当最大切应力 $\tau_{\max}$ 不超过材料的剪切比例极限 τ_p 时,圆轴上离圆心距离为 ρ 处的切应力 τ_ρ 与该点处的切应变 γ_ρ 成正比,即:

$$\tau_\rho = G\gamma_\rho = G\rho \frac{\mathrm{d}\varphi}{\mathrm{d}x} \tag{5-28}$$

式中,G 是材料的剪切弹性模量。式(5-28)表明,圆轴横截面上某点的切应力大小与该点到圆心的距离 ρ 成正比,圆心处为零,在圆周表面最大,在半径为 ρ 的同一圆周上各点的切应力相等,其方向与其半径垂直。切应力在横截面上的分布规律如图 5-34 所示。

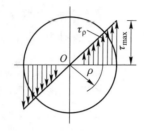 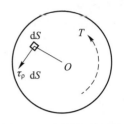

图 5-34　切应力在横截面 　　　　图 5-35　圆轴扭转时的
上的分布规律　　　　　　　　　　静力学关系

（3）静力学关系

式（5-28）中的 $\mathrm{d}\varphi/\mathrm{d}x$ 是一个未知数，因此还不能用来计算切应力 τ_ρ 的数值，必须借助于静力学关系来解决这一问题。在横截面上距圆心为 ρ 处取微面积 $\mathrm{d}S$，微面积上有微剪力 $\tau_\rho\mathrm{d}S$。如图 5-35 所示，各微剪力对截面圆心的力矩总和便是该截面的扭矩 T：

$$T = \int_S \rho\tau_\rho\mathrm{d}S$$

将式（5-28）代入得：

$$T = \int_S \rho\left(G\rho\frac{\mathrm{d}\varphi}{\mathrm{d}x}\right)\mathrm{d}S = G\frac{\mathrm{d}\varphi}{\mathrm{d}x}\int_S \rho^2\mathrm{d}S$$

令：

$$\int_S \rho^2\mathrm{d}S = I_\mathrm{P} \tag{5-29}$$

则：

$$T = G\frac{\mathrm{d}\varphi}{\mathrm{d}x}I_\mathrm{P}$$

由此得：

$$\frac{\mathrm{d}\varphi}{\mathrm{d}x} = \frac{T}{GI_\mathrm{P}} \tag{5-30}$$

上式为单位长度扭转角的计算公式。

将式（5-30）代入式（5-28），可得圆轴扭转时横截面上任一点处的切应力为：

$$\tau_\rho = \frac{T}{I_\mathrm{P}}\rho \tag{5-31}$$

式中：T——横截面上的扭矩；

ρ——所计算切应力处到圆心的距离；

I_P——截面对其形心的极惯性矩（m^4 或 mm^4），是与截面形状、大小有关的几何量。

对于直径为 D 的圆形截面：

$$I_P = \frac{\pi D^4}{32} \tag{5-32}$$

对于内外径比为 $\frac{d}{D} = \alpha$ 的空心圆截面:

$$I_P = \frac{\pi D^4}{32}(1 - \alpha^4) \tag{5-33}$$

式(5-31)是在平面假设及材料符合胡克定律的前提下推导出来的,因此公式的适用范围是:

（1）只能用于平面假设成立的圆截轴,因为非圆截面（如方形截面）轴受扭时,横截面将发生翘曲,刚性平面假设不再成立。

（2）材料在比例极限范围内,因为公式推导时使用了剪切胡克定律。

由式(5-31)可知,当 ρ 达到最大值 $\frac{D}{2}$ 时,扭转轴表面的切应力达到最大值:

$$\tau_{max} = \frac{T}{I_P}\frac{D}{2} \tag{5-34}$$

上式中 D 及 I_P 都是与截面几何尺寸有关的量,此时引入符号:

$$W_n = \frac{I_P}{\dfrac{D}{2}} \tag{5-35}$$

便得到:

$$\tau_{max} = \frac{T}{W_n} \tag{5-36}$$

式中, W_n 称为抗扭截面系数。最大切应力 τ_{max} 与截面上的扭矩 T 成正比,而与 W_n 成反比。 W_n 越大,则 τ_{max} 越小,所以, W_n 是表示圆轴抵抗扭转破坏能力的几何参数,其单位为 m^3 或 mm^3。

对于直径为 D 的圆截面:

$$W_n = \frac{I_P}{\dfrac{D}{2}} = \frac{\dfrac{\pi}{32}D^4}{\dfrac{D}{2}} = \frac{\pi D^3}{16} \tag{5-37}$$

对于内径为 d、外径为 D 的空心圆截面:

$$W_n = \frac{\pi D^3}{16}(1 - \alpha^4) \tag{5-38}$$

5.6.2　圆轴扭转时的强度计算

为保证工作安全,圆轴横截面上最大切应力应不超过材料的许用切应力,即圆轴强度条件为:

$$\tau_{max}=\frac{T_{max}}{W_n}\leqslant[\tau] \tag{5-39}$$

式中，T_{max} 为绝对值最大的扭矩值 $|T|_{max}$。

等截面轴最大切应力 τ_{max} 就发生在 $|T|_{max}$ 所在截面的周边各点处。而阶梯轴，因为不是常量，所以要综合考虑 T 及 W_n 的变化情况来确定 τ_{max}。

扭转许用切应力 $[\tau]$ 是由扭转实验测得材料的极限切应力除以适当的安全系数来确定的。在静载荷作用下，扭转许用切应力 $[\tau]$ 与拉伸许用应力 $[R]$ 之间有如下关系：

塑性材料：　　　　　　　$[\tau]=(0.5\sim0.6)[R]$

脆性材料：　　　　　　　$[\tau]=(0.8\sim1.0)[R]$

根据式（5-39）圆轴扭转时的强度条件，可以对扭转轴进行强度校核、设计截面尺寸和确定许用扭矩这三方面的强度计算。

【例 5-9】　卷扬机的传动轴直径为 $d=40$ mm，转动功率 $P=30$ kW，转速 $n=1400$ r/min，轴的材料为 45 钢，$G=80$ GPa，$[\tau]=40$ MPa，试校核该轴的强度。

解：（1）外力偶矩的确定：$M_e=9549\dfrac{P}{n}=9549\times\dfrac{30\ kW}{1400\ r/min}=204.62$ N·m

（2）扭矩的确定：$T=M_e=204.52$ N·m

（3）强度的校核：

轴截面上最大切应力：$\tau_{max}=\dfrac{T}{W_n}=\dfrac{T}{\dfrac{\pi d^3}{16}}=\dfrac{204.62\times10^3\times180°}{\dfrac{\pi\times40^4}{16}}MPa=16.28$ MPa

$\tau_{max}\leqslant[\tau]$，即该轴满足强度条件。

【例 5-10】　某传动轴，横截面上的最大扭矩 $T_{max}=1.5$ kN·m，材料的许用切应力 $[\tau]=50$ MPa。试求：

（1）若用实心轴，确定其直径 D_1。

（2）若改用空心轴，且 $\alpha=\dfrac{d}{D}$，确定其内径 d 和外径 D。

（3）比较空心轴和实心轴的质量。

解：由强度条件得传动轴所需的抗扭截面系数为：

$$W_n\geqslant\frac{T_{max}}{[\tau]}=\frac{1.5\times10^6}{50}mm^3=3\times10^4\ mm^3$$

（1）确定实心轴的直径 D。

由 $W_n=\dfrac{\pi D_1^3}{16}$ 得：

$$D_1=\sqrt[3]{\frac{16W_n}{\pi}}\geqslant\sqrt[3]{\frac{16\times3\times10^4}{3.14}}mm=53.5\ mm$$

取：
$$D_1 = 54 \text{ mm}$$

（2）确定空心轴的内径 d 和外径 D。

空心轴的抗扭截面系数为：

$$W_n = \frac{\pi D^3}{16}(1-\alpha^4)$$

代入式（5-38）得：

$$D = \sqrt[3]{\frac{16W_n}{\pi[1-\alpha^4]}} \geqslant \sqrt[3]{\frac{16 \times 3 \times 10^4}{3.14 \times (1-0.9^4)}} \text{ mm} = 76 \text{ mm}$$

$$d = \alpha D = 0.9 \times 76 \text{ mm} = 68.4 \text{ mm}$$

取：
$$D = 76 \text{ mm}, d = 68.4 \text{ mm}$$

（3）比较空心轴和实心轴的质量

两根长度和材料都相同的轴，它们的质量比等于它们的横截面面积之比，即：

$$\frac{W_{空}}{W_{实}} = \frac{S_{空}}{S_{实}} = \frac{\frac{\pi}{4}(D^2-d^2)}{\frac{\pi}{4}D_1^2} = \frac{76^2-68^2}{54^2} = 0.395$$

此例表明，当两轴具有相同的承载能力时，空心轴比实心轴轻，可以节省大量材料，减轻自重。因为采用实心轴仅在圆截面边缘处的切应力达到许用切应力值，而在圆心附近的切应力很小，如图 5-36a 所示，这部分材料未得到充分利用，如将这部分材料移到离圆心较远处的位置，使其成为空心轴，如图 5-36b 所示，这样便提高了材料的利用率，并增大了抗扭截面系数，从而提高了圆轴的承载能力。

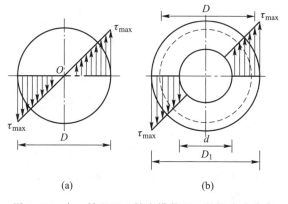

图 5-36 实心轴和空心轴在横截面上的切应力分布

微视频
弯曲时梁
横截面上
的正应力

5.7 弯曲时梁横截面上的正应力

在对梁进行强度计算时，除了确定梁在弯曲时横截面上的内力外，还需进一步研究梁横截面上的应力情况。剪力和弯矩是截面上分布内力的合成结果,如图 5-37 所示,在一横截面上取一微面积 dS,由静力学关系可知,只有切向微内力 τdS 才能组成剪力,只有法向微内力 RdS 才能组成弯矩 M。所以在横截面的某点上,一般情况下既有正应力 R 又有切应力 τ。本节讨论的梁弯曲时横截面的正应力,是指梁发生平面弯曲时的情况,即讨论的梁至少有一个纵向对称面,且外力作用在该对称面内。

梁的横截面上只有弯矩而剪力为零的平面弯曲称为纯弯曲,如图 5-38 梁上 CD 段;而横截面上既有弯矩也有剪力的平面弯曲称为横力弯曲或剪力弯曲,如图 5-38 梁上 AC、DB 段。

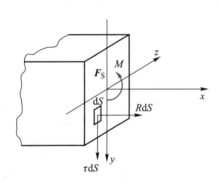

图 5-37　梁横截面上的应力分布

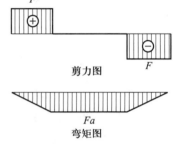

剪力图

弯矩图

图 5-38　纯弯曲与横力弯曲

5.7.1　纯弯曲时梁横截面上的正应力

1. 试验现象

如图 5-39a 所示,取一根矩形截面梁,在中间段的表面画上纵向直线 a_1a_2、b_1b_2 和横向直线 $m—m$、$n—n$。在梁两端加一对力偶作用,使梁发生纯弯曲。可观察到梁纯弯曲的变形现象如图 5-39b 所示,其特点如下:

(1)纵向线变成圆弧线,靠近凹边的纵向线 $a_1'—a_2'$ 缩短,靠近凸边的纵向线 $b_1'—b_2'$ 伸长,中间位置的纵向线长度不变。

(2)横向线仍为直线 $m'—m'$ 和 $n'—n'$,两横向线作相对转动,但仍与变形后的纵向线正交。

2. 假设及推理

研究纯弯曲时梁横截面上的应力,可作如下的假设:

(1)平面假设。假设梁变形后的横截面仍保持平面,且与变形后的梁轴线正交。

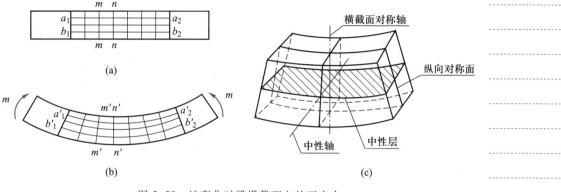

图 5-39 纯弯曲时梁横截面上的正应力

（2）单向受力假设。假设梁是由一束纵向纤维组成的,每根纤维的变形只是轴向伸长或缩短,纤维相互间无挤压作用。

由假设可得以下的推论:

（1）变形后横截面与纵向线正交,即梁的纵、横截面上无切应变,也无切应力。

（2）因纵向纤维有的伸长,有的缩短,故横截面上有正应力存在,且同一横截面上有的点为拉应力,有的点为压应力。

（3）由于中间纤维无伸缩,则图 5-39c 所示梁阴影线的层既不伸长也不缩短,称为中性层,中性层与截面的交线称为中性轴。

3. 应力分布特点

由图 5-39 所示的纯弯曲梁中截取 $\mathrm{d}x$ 微段来分析,用 1—1 和 2—2 两横截面表示,如图 5-40 所示。令 y 轴为横截面的对称轴, z 轴与截面的中性轴重合。

由平面假设可知,梁变形后两端面相对倾转了 $\mathrm{d}\theta$ 角,设中性层弧长 $\overset{\frown}{O_1O_2}$ 的曲率半径为 ρ ,由于中性层纤维在变形后长度不变,则:

弧长为:

$$\overset{\frown}{O_1O_2} = \mathrm{d}x = \rho \mathrm{d}\theta$$

距中性层为 y 的纤维 $\overset{\frown}{b_1b_2}$ 的弧长为:

$$\overset{\frown}{b_1b_2} = (\rho+y)\mathrm{d}\theta$$

得 $\overset{\frown}{b_1b_2}$ 在变形后的线应变为:

$$e = \frac{(\rho+y)\mathrm{d}\theta - \rho\mathrm{d}\theta}{\rho\mathrm{d}\theta} = \frac{y}{\rho}$$

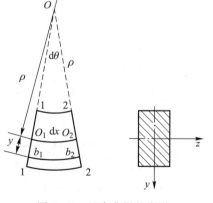

图 5-40 纯弯曲梁的变形

由上式可知,同一横截面上各点的线应变与该点到中性轴的距离 y 成正比。据单向受力假设,若应力在材料的比例极限范围内,由胡克定律可知弯曲时横截面上任意一点的正应力与该点到中性轴的距离 y 成正比。

经前面的分析可知：当梁发生纯弯曲时，横截面上只有正应力，没有切应力；以中性轴为界，一侧是拉应力，一侧为压应力；正应力的大小与点到中性轴的距离成正比，中性轴上各点的正应力为零，距中性轴越远的点，拉、压应力越大，最大值在距中性轴最远的边缘处，如图 5-41 所示。

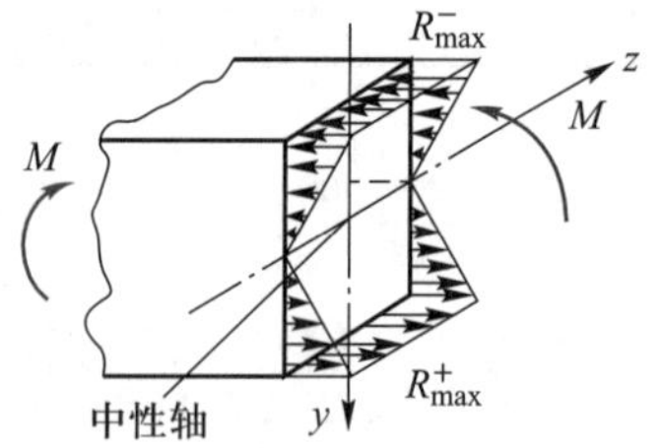

图 5-41 纯弯曲梁横截面上的应力

4. 中性轴位置的确定

根据横截面上各点正应力代数和为零，即横截面上没有轴力，可推定中性轴垂直截面的对称轴 y，且通过截面的形心。

5. 弯曲正应力公式

经理论推导（略）得到梁纯弯曲时横截面上正应力 R 的计算公式为：

$$R = \frac{My}{I_z} \tag{5-40}$$

式中，M 为截面上的弯矩；y 为点到中性轴的距离；I_z 为横截面对中性轴 z 的惯性矩，其值由截面的形状尺寸及中性轴的位置决定，单位是长度单位的四次方。I_z 的表达式为：

$$I_z = \int_S y^2 \mathrm{d}S \tag{5-41}$$

横截面上的最大正应力发生在距中性轴最远的地方，其值为：

$$R_{\max} = \frac{My_{\max}}{I_z} = \frac{M}{W_z} \tag{5-42}$$

式中，W_z 为抗弯截面系数，单位是长度单位的三次方，表达式为：

$$W_z = \frac{I_z}{y_{\max}} \tag{5-43}$$

应用式(5-40)和式(5-42)时，应将弯矩 M 和坐标 y 的数值和正负号一并代入，若得出的 R 为正值。就是拉应力；若为负值，则为压应力。通常可以根据梁的变形情况直接判断 R 的正负：以中性轴为界，梁变形后靠近凸边一侧为拉应力，靠近凹边一侧为压应力。

式(5-40)的应用条件和范围如下：

（1）式(5-40)虽然是由矩形截面梁在纯弯曲情况下推导出来的，但也适用于以 y 轴为对称轴的其他横截面形状的梁，如圆形、工字形和 T 形截面梁。

（2）经进一步分析证明，在横力弯曲（剪力不等于零）的情况下，当梁的跨度 l 与梁横截面高 h 之比 $l/h>5$ 时，横截面上的正应力变化规律与纯弯曲时几乎相同，故式(5-40)仍然可用，误差很小。

（3）在推导式（5-40）过程中,应用了胡克定律,因此,当梁的材料不服从胡克定律或正应力超过材料的比例极限时,该式不适用。

（4）式（5-40）是等截面直梁在平面弯曲情况下推导出来的,因此不适用于非平面弯曲情况,也不适用于曲梁。若横截面形心连线（轴线）的曲率半径 ρ 与截面形心到最内缘距离 c 之比值大于 10,则按式（5-40）计算,误差不大。式（5-40）也可近似地用于变截面梁。

5.7.2 简单截面的惯性矩及抗弯截面系数

在应用梁的弯曲正应力公式时,需预先计算出截面对中性轴 z 的惯性矩 I_z 和抗弯截面系数 W_z。显然,I_z 和 W_z 只与截面的几何形状和尺寸有关,它反映了截面的几何性质。

对于一些简单图形截面,如矩形、圆形等,其惯性矩可由定义式 $I_z = \int_S y^2 \mathrm{d}S$ 直接求得。表 5-4 给出了简单截面图形的惯性矩和抗弯截面系数。表中 C 为截面形心,I_z 为截面对 z 轴的惯性矩,I_y 为截面对 y 轴的惯性矩。

表 5-4 简单截面图形的惯性矩和抗弯截面系数

图 形	形心轴位置	惯性矩	抗弯截面系数
	$z_C = \dfrac{b}{2}$ $y_C = \dfrac{h}{2}$	$I_z = \dfrac{bh^3}{12}$ $I_y = \dfrac{hb^3}{12}$	$W_z = \dfrac{bh^2}{6}$ $W_y = \dfrac{hb^2}{6}$
	截面圆心	$I_z = I_y = \dfrac{\pi D^4}{64}$	$W_z = W_y = \dfrac{\pi D^3}{32}$
	截面圆心	$I_z = I_y = \dfrac{\pi D^4}{64}(1-\alpha^4)$ $\alpha = \dfrac{d}{D}$	$W_z = W_y = \dfrac{\pi D^3}{32}(1-\alpha^4)$ $\alpha = \dfrac{d}{D}$

【例 5-11】 如图 5-42 所示,已知简支梁的跨度 $l = 3$ m,其横截面为矩形,截面宽度 $b = 120$ mm,截面高度 $h = 200$ mm,受均布载荷 $q = 3.5$ kN/m 作用,试完成:

（1）求距梁左端为 1 m 的 C 截面上 a,b,c 三点的正应力。

（2）求梁的最大正应力值,并说明最大正应力发生在何处。

（3）作出 C 截面上正应力沿截面高度的分布图。

解:(1) 计算 C 截面上 a,b,c 三点的正应力。

支座约束力及截面最大弯矩:

$$F_{By} = 5.25 \text{ kN}(\uparrow) \qquad F_{Ay} = 5.25 \text{ kN}(\uparrow)$$

$$M_{max} = \frac{ql^2}{8} = \frac{3.5 \times 3^2}{8} \text{ kN} \cdot \text{m} = 3.94 \text{ kN} \cdot \text{m}$$

C 截面的弯矩为:

$$M_c = (5.25 \times 1 - 3.5 \times 1 \times 0.5) \text{kN} \cdot \text{m} = 3.5 \text{ kN} \cdot \text{m}$$

矩形截面对中性轴 z 的惯性矩:

$$I_z = \frac{lh^3}{12} = \frac{120 \times 200^3}{12} = 8 \times 10^7 \text{ mm}^4$$

$$R_a = \frac{M_c y_a}{I_z} = \frac{3.5 \times 10^6 \times 100}{8 \times 10^7} \text{MPa} = 4.38 \text{ MPa}(\text{拉应力})$$

$$R_b = \frac{M_c y_b}{I_z} = \frac{3.5 \times 10^6 \times 50}{8 \times 10^7} \text{MPa} = 2.19 \text{ MPa}(\text{拉应力})$$

$$R_c = \frac{M_c y_c}{I_z} = -\frac{3.5 \times 10^6 \times 100}{8 \times 10^7} \text{MPa} = -4.38 \text{ MPa}(\text{拉应力})$$

(2) 求梁的最大正应力值及最大正应力发生的位置。

该梁为等截面梁,所以最大正应力发生在最大弯矩截面的上、下边缘处,其值为:

$$R_{max} = \frac{M_{max} y_{max}}{I_z} = \frac{3.94 \times 10^6 \times 100}{8 \times 10^7} \text{MPa} = 4.93 \text{ MPa}$$

由于最大弯矩为正值,所以该梁在最大弯矩截面的上边缘处产生了最大压应力,下边缘处产生了最大拉应力。

(3) 作 C 截面上正应力沿截面高度的分布图。

正应力沿截面高度按直线规律分布,如图 5-42b 所示。

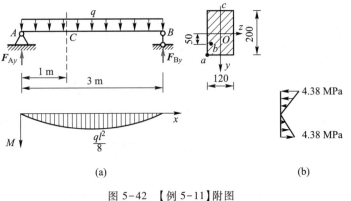

(a)　　　　　　　　　　　　(b)

图 5-42 【例 5-11】附图

5.7.3 梁弯曲时正应力强度计算

为了从强度方面保证梁在使用中安全可靠,应使梁内最大正应力不超过材料的许用应力。梁内产生最大应力的截面称为危险截面,危险截面上的最大应力点称为危险点。

对于等截面梁,弯矩最大的截面是危险截面,截面上离中性轴最远的边缘上的各点为危险点,其最大正应力公式为:

$$R_{max} = \frac{M_{max} y_{max}}{I_z} = \frac{M_{max}}{W_z}$$

梁的正应力强度条件为:

$$R_{max} = \frac{M_{max}}{W_z} \leq [R] \qquad (5-44)$$

式中:$[R]$——材料的许用弯曲正应力。

用脆性材料制成的梁,由于材料的抗拉与抗压性能不同,即$[R_l] \neq [R_y]$,故采用上下不对称于中性轴的梁截面形状,如图5-43所示。此时,因截面上下边缘到中性轴的距离不同,所以,同一个截面有两个抗弯截面系数:

$$W_1 = \frac{I_z}{y_1} \qquad W_2 = \frac{I_z}{y_2}$$

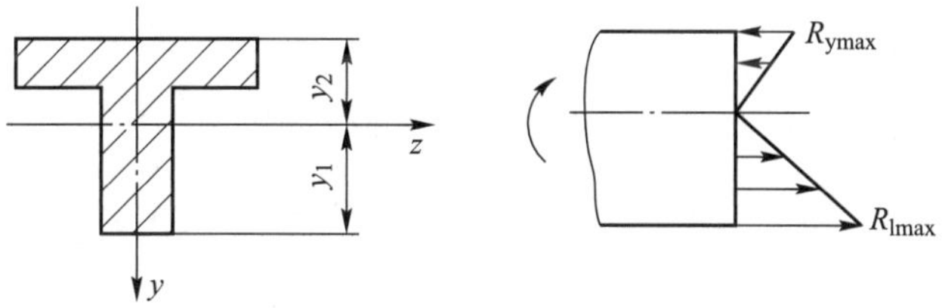

图5-43 非对称梁的应力分布

应用式(5-44),可分别建立拉、压强度条件,如下所示,解决梁的强度校核、设计截面尺寸和确定许用载荷等三类问题。

$$R_{lmax} = \frac{M_{max}}{W_1} \leq [R_l]$$

$$R_{ymax} = \frac{M_{max}}{W_2} \leq [R_y]$$

1. 强度校核

已知梁的材料、截面尺寸与形状(即$[R]$和W_z的值)以及所受载荷(即M)的情况下,校核梁的最大正应力是否满足强度条件。即:

$$R_{max} = \frac{M_{max}}{W_z} \leq [R]$$

2. 设计截面尺寸

已知载荷和采用的材料(即 M 和 $[R]$)时,根据强度条件,设计截面尺寸。将式(5-44)改写为:

$$W_z \geqslant \frac{M_{max}}{[R]}$$

求出 W_z 后,进一步根据梁的截面形状确定其尺寸。若采用型钢时,则可由型钢表查得型钢的型号。

3. 计算许用载荷

已知梁的材料及截面尺寸(即 $[R]$ 和 W_z),根据强度条件确定梁的许用最大弯矩 M_{max}。将式(5-44)改写为:

$$M_{max} \leqslant [R]W_z$$

求出 M_{max} 后,进一步根据平衡条件确定许用外载荷。

在进行上述各类计算时,为了保证既安全可靠又节约材料,设计规范还规定梁内的最大应力允许稍大于 $[R]$,但以不超过 $[R]$ 的5%为限。即:

$$\frac{R_{max}-[R]}{[R]} \leqslant 5\%$$

【例5-12】 外伸梁受力、支承及截面尺寸如图5-44所示。材料的许用拉应力 $[R]=32$ MPa,许用压应力 $[R_c]=70$ MPa。试校核梁的正应力强度。

解:(1)作梁的弯矩图

由弯矩图可知,B 截面有最大负弯矩,C 截面有最大正弯矩。

(2)计算截面的形心位置及截面对中性轴的惯性矩。

$$y_2 = \frac{\sum S_i y_{Ci}}{\sum S_i} = \frac{30\times170\times85+200\times30\times185}{30\times170+200\times30}\text{mm} = 139 \text{ mm}$$

$$I_z = \sum(I_{zCi}+a_i^2 S_i) = \left(\frac{30\times170^3}{12}+30\times170\times54^2+\frac{200\times30^3}{12}+200\times30\times46^2\right)\text{mm}^4$$

$$= 40.3\times10^6 \text{ mm}^4$$

(3)校核梁的正应力强度

B 截面:

上边缘处最大拉应力:

$$R_{1max} = \frac{M_B y_1}{I_z} = \frac{20\times10^6\times(200-139)}{40.3\times10^6}\text{MPa} = 30.3 \text{ MPa} < [R_1]$$

下边缘处最大压应力:

$$R_{ymax} = \frac{M_B y_2}{I_z} = \frac{20\times10^6\times139}{40.3\times10^6}\text{MPa} = 69 \text{ MPa} < [R_y]$$

C 截面:

上边缘处最大压应力:

$$R_{y\max} = \frac{M_C y_1}{I_z} = \frac{10 \times 10^6 \times (200-139)}{40.3 \times 10^6} \text{MPa} = 15.1 \text{ MPa} < [R_y]$$

下边缘处最大拉应力:

$$R_{l\max} = \frac{M_C y_2}{I_z} = \frac{10 \times 10^6 \times 139}{40.3 \times 10^6} \text{MPa} = 34.5 \text{ MPa} > [R_1]$$

校核结果,梁不安全。

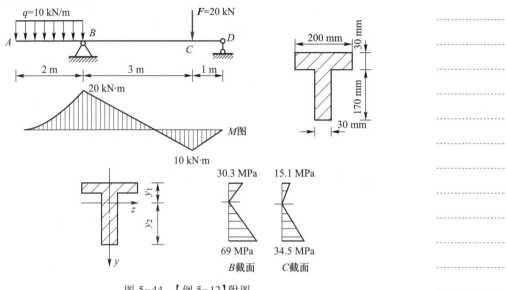

图 5-44 【例 5-12】附图

本例说明,当材料抗拉与抗压强度不相同,截面上、下又不对称时,对梁内最大正弯矩和最大负弯矩截面均应校核。

【例 5-13】 矩形截面木梁,如图 5-45 所示,已知截面宽高比 $b:h = 2:3$,木梁的许用应力为 $[R] = 10$ MPa,试选择截面尺寸。

解:(1) 作梁的剪力图和弯矩图。

$$M_{\max} = 1.33 \text{ kN} \cdot \text{m}$$

(2) 选择截面尺寸。

$$W_z \geqslant \frac{M_{\max}}{[R]} = \frac{1.33 \times 10^6}{10} \text{mm}^3 = 1.33 \times 10^5 \text{ mm}^3$$

矩形截面的抗弯截面系数为:

$$W_z = \frac{bh^2}{6}$$

由已知条件 $b:h = 2:3$,则有:

$$W_z = \frac{1}{6} \times \frac{2h}{3} h^2 \text{ mm}^2 = 1.33 \times 10^5 \text{ mm}^3$$

解得: $h = 106 \text{ mm}, b = 71 \text{ mm}$

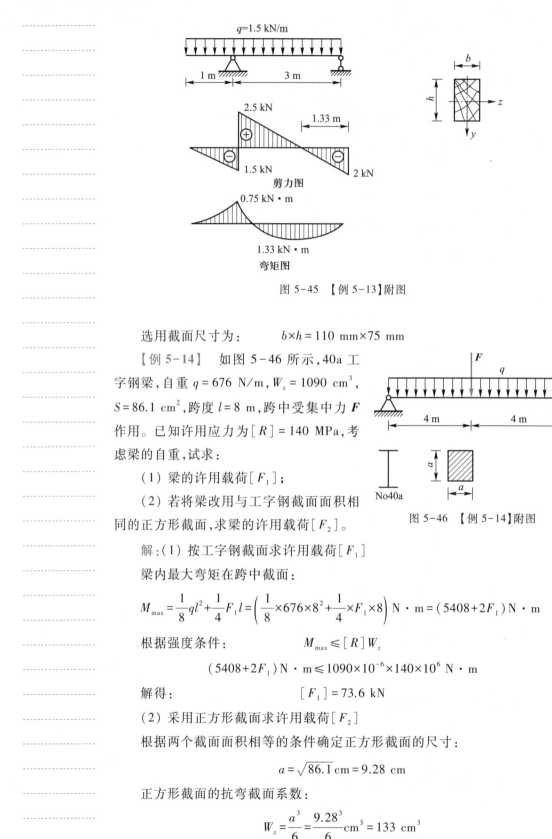

图 5-45　【例 5-13】附图

选用截面尺寸为：　　　　　　$b \times h = 110 \text{ mm} \times 75 \text{ mm}$

【例 5-14】　如图 5-46 所示，40a 工字钢梁，自重 $q = 676 \text{ N/m}$，$W_z = 1090 \text{ cm}^3$，$S = 86.1 \text{ cm}^2$，跨度 $l = 8 \text{ m}$，跨中受集中力 F 作用。已知许用应力为 $[R] = 140 \text{ MPa}$，考虑梁的自重，试求：

（1）梁的许用载荷 $[F_1]$；

（2）若将梁改用与工字钢截面面积相同的正方形截面，求梁的许用载荷 $[F_2]$。

图 5-46　【例 5-14】附图

解：（1）按工字钢截面求许用载荷 $[F_1]$

梁内最大弯矩在跨中截面：

$$M_{\max} = \frac{1}{8}ql^2 + \frac{1}{4}F_1 l = \left(\frac{1}{8} \times 676 \times 8^2 + \frac{1}{4} \times F_1 \times 8 \right) \text{N} \cdot \text{m} = (5408 + 2F_1) \text{N} \cdot \text{m}$$

根据强度条件：　　　　　　$M_{\max} \leqslant [R]W_z$

$$(5408 + 2F_1) \text{N} \cdot \text{m} \leqslant 1090 \times 10^{-6} \times 140 \times 10^6 \text{ N} \cdot \text{m}$$

解得：　　　　　　$[F_1] = 73.6 \text{ kN}$

（2）采用正方形截面求许用载荷 $[F_2]$

根据两个截面面积相等的条件确定正方形截面的尺寸：

$$a = \sqrt{86.1} \text{ cm} = 9.28 \text{ cm}$$

正方形截面的抗弯截面系数：

$$W_z = \frac{a^3}{6} = \frac{9.28^3}{6} \text{cm}^3 = 133 \text{ cm}^3$$

根据强度条件：
$$M_{max} \leqslant [R]W_z$$
$$(5408+2F_2)\,\mathrm{N \cdot m} \leqslant (133\times10^{-6}\times140\times10^{6})\,\mathrm{N \cdot m}$$

解得：
$$[F_2] = 6.6\ \mathrm{kN}$$

通过上例计算可见，尽管两根梁的截面面积完全相等，但当它们截面形状不同时，它们的抗弯截面系数不同，从而抗弯能力也不同。工字钢梁的抗弯能力为正方形钢梁的 8.2 倍 $\left(\dfrac{W_工}{W_正} = \dfrac{1090}{133}\right)$。由此，可以看出截面形状对梁抗弯能力的影响，所以常用钢梁不采用方形钢而要轧制成型钢（如工字钢、槽钢等）。

5.7.4　提高梁弯曲强度的措施

要保证梁正常工作，提高强度，就必须设法降低工作应力（内力）和提高材料的许用应力。而提高材料的许用应力，就得选择造价高的优质材料，增加经济成本，因此，降低工作应力是提高构件承载能力的主要目标。为使梁达到既经济又安全的要求，采用的材料量应较少且价格便宜，同时梁又具有较高的强度。因为弯曲正应力是控制梁强度的主要因素，所以由 $R_{max} = \dfrac{|M_{max}|}{W_z}$ 不难看出，提高梁强度的措施是：降低 $|M_{max}|$ 的数值，提高 W_z 的数值并充分利用材料的性能。

1. 降低最大弯矩的数值

（1）合理布置载荷的位置。

如图 5-47 所示，简支梁在跨中受到集中载荷 F 作用，若在梁的中部增设一辅助梁，使 F 通过辅助梁作用到简支梁上，可使梁的最大弯矩降低一半。

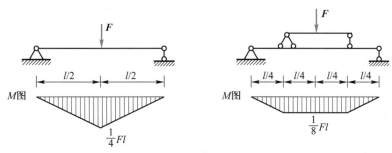

图 5-47　合理布置载荷的位置

（2）合理布置支座的位置

如图 5-48 所示，简支梁受均布载荷作用，最大弯矩在跨中，值为 $\dfrac{ql^2}{8}$，若将两端支座向内移动 $0.2l$，最大弯矩值为 $\dfrac{ql^2}{40}$，仅为原来的 20%，这样在设计时可以相应地降低梁的截面尺寸。

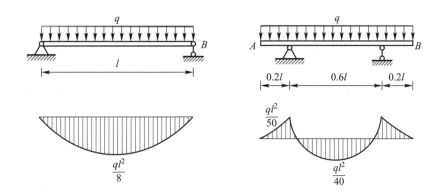

图 5-48　合理布置支座的位置

2. 选用合理截面

梁的合理截面应该是截面面积 S 尽量地小（即少用材料），而抗弯截面系数 W_z 尽量地大。因此，选择合理截面时，可采取下列措施：

（1）选择合适的截面形式

从弯曲正应力的分布规律来看，中性轴上的正应力为零，离中性轴越远正应力越大。因此，在圆形、矩形、工字形三种截面中，圆形截面的很大一部分材料接近中性轴，没有充分发挥作用，显然是不经济的，而工字形截面则相反，很大一部分材料远离中性轴，较充分地发挥了承载作用。也就是说，面积相等而形状不同的截面，工字形截面最合理，圆形截面最差。所以钢结构中的抗弯杆件常用工字形、箱形等截面。

从抗弯截面系数 W_z 考虑，应在截面面积相等的条件下，使得抗弯截面系数尽可能地增大，当截面面积一定时，W_z 值越大越有利。通常用抗弯截面系数 W_z 与横截面面积 S 的比值 W_z/S 来衡量梁的截面形状的合理性和经济性。表 5-5 中列出了几种常见的截面形状及其 W_z/S 的值。由表可见，槽形截面和工字形截面比较合理。

表 5-5　常见截面的 W_z/S 值

截面形状	b h	h	h	h	h
W_z/S	$0.167h$	$0.125h$	$0.205h$	$(0.27\sim0.31)h$	$(0.27\sim0.31)h$

（2）使截面形状与材料性能相适应

经济的截面形状应该是截面上的最大拉应力和最大压应力同时达到材料的许用应力。对抗拉和抗压强度相等的塑性材料，宜采用对称于中性轴的截面形状，如空心圆形、工字形等；对抗压强度大于抗拉强度的脆性材料，一般采用非对称截面形状，使中性轴偏向强度较低（或中性轴靠近受拉一边的）一边的截面形状,如 T 形(图 5-49)、槽型等。

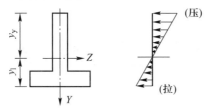

图 5-49　T 形梁的应力分布

（3）选择恰当的放置方式

当截面的面积和形状相同时,截面放置的方式不同,抗弯截面系数 W_z 也不同。如图 5-50 所示,矩形梁($h>b$)长边立放时 $W_{z,\text{立}}=\dfrac{bh^2}{6}$,平放时 $W_{z,\text{平}}=\dfrac{hb^2}{6}$,两者之比为 $\dfrac{W_{z,\text{立}}}{W_{z,\text{平}}}=\dfrac{h}{b}$。可见,矩形截面长边立放比平放合理。

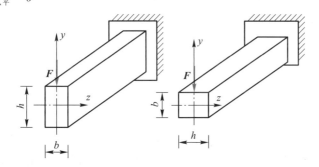

图 5-50　矩形梁的不同放置方式

3. 采用等强度梁

一般情况下,梁各个截面上的弯矩并不相等,而截面尺寸是按最大弯矩来确定的。因此对等截面梁而言,除了危险截面以外,其余截面上的最大应力都未达到许用应力,材料未得到充分利用。为了节省材料,就应按各个截面上的弯矩来设计各个截面的尺寸,使截面尺寸随弯矩的变化而变化,即为变截面梁。各横截面上的最大正应力都达到许用应力的梁为等强度梁。

假设梁在任意截面上的弯矩为 $M(x)$,截面的抗弯截面系数为 $W(x)$,根据等强度梁的要求,应有:

$$R_{\max}=\frac{M(x)}{W(x)}=\left[\,R\,\right]$$

即：

$$W(x)=\frac{M(x)}{\left[\,R\,\right]}$$

根据弯矩的变化规律,由上式就能确定等强度梁的截面变化规律。

如图 5-51 所示的阶梯轴、薄腹梁、鱼腹式吊车梁,都是近似地按等强度原理设计的。

(a) 阶梯轴　　　　　　　　(b) 薄腹梁　　　　　　　(c) 鱼腹式吊车梁

图 5-51　等强度原理的应用

从强度的观点来看,等强度梁最经济、最能充分发挥材料的潜能,是一种非常理想的梁,但是从实际应用情况分析,这种梁的制作比较复杂,给施工带来很多困难,因此,综合考虑强度和施工两种因素,它并不是最经济合理的梁。在工程中,通常是采用形状

图 5-52　雨篷挑梁的结构形式

比较简单又便于加工制作的变截面梁来代替等强度梁,如图 5-52 所示的阳台或雨篷挑梁,图 5-51c 所示的鱼腹式吊车梁。

微视频

弯曲变形

5.8　弯曲变形

受弯构件除了应满足强度要求外,通常还要满足刚度的要求,以防止构件出现过大的变形,保证构件能够正常工作。例如,楼面梁变形过大时,会使下面的抹灰层开裂、脱落;吊车梁的变形过大,就会影响吊车的正常运转。因此,在设计受弯构件时,必须根据不同的工作要求,将构件的变形限制在一定的范围内。在求解超定梁的问题时,也需要考虑梁的变形条件。

研究梁的变形,首先讨论如何度量和描述弯曲变形。如图 5-53 所示为一具有纵向对称面的梁(以轴线 AB 表示),xy 坐标系在梁的纵向对称面内。在载荷 F 作用下,梁产生弹性弯曲变形,轴线在 xy 平面内变成一条光滑连续的平面曲线 AB',该曲线称为弹性挠曲线(简称挠曲线)。

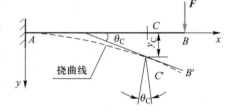

图 5-53　梁的变形

梁发生弯曲变形时,截面上一般同时存在弯矩和剪力两种内力。理论计算证明:梁较细长时,剪力引起的挠度与弯矩引起的挠度相比很微小。为了简化计算,通常忽略剪力对变形的影响,而只计算弯矩所引起的变形。

5.8.1 挠度与转角

梁的变形是用挠度和转角来度量的。

1. 挠度

梁轴线上任意一点 C(即横截面的形心),在变形后移到 C' 点,即产生垂直于梁轴线的线位移。梁上任意一横截面的形心在垂直于梁原轴线方向的线位移,称为该截面的挠度,用符号 y 表示,如图 5-53 所示的 C 处截面的挠度为 y_c。挠度的单位与长度单位一致。挠度与坐标轴 y 轴的正方向一致时为正,反之为负。规定 y 轴正向向下。按如图 5-53 所示选定的坐标系,向下的挠度为正。

2. 转角

梁变形时,横截面还将绕其中性轴转过一定的角度,即产生角位移,梁任一横截面绕其中性轴转过的角度称为该截面的转角,用符号 θ 表示,单位为 rad,规定顺时针转为正。如图 5-53 所示,C 处截面的转角为 θ_c。

这里要注意的是,挠度是指梁上一个点(各个横截面形心)的垂直于梁轴线的线位移,转角是指整个横截面绕中性轴旋转的角度。

3. 挠度与转角的关系

挠度 y 和转角 θ 随截面的位置 x 的变化而变化,即 y 和 θ 都是 x 的函数。梁的挠曲线可用函数关系式,即挠曲线方程来表示,挠曲线方程的一般形式为:

$$y = f(x) \tag{5-45}$$

由微分学知,挠曲线上任一点的切线的斜率 $\tan \theta$ 等于曲线函数 $y = f(x)$ 在该点的一次导数,即:

$$\tan \theta = \frac{\mathrm{d}y}{\mathrm{d}x} = y'$$

因工程中构件常见的 θ 值很小,$\tan \theta \approx \theta$,则有:

$$\theta = \frac{\mathrm{d}y}{\mathrm{d}x} = y' \tag{5-46}$$

即梁上任一横截面的转角等于该截面的挠度 y 对 x 的一阶导数。

5.8.2 用积分法求梁的变形

1. 挠曲线的近似微分方程

为了得到挠度方程和转角方程,首先需推出一个描述弯曲变形的基本方程——挠曲线近似微分方程。弯曲变形挠曲线的曲率表达式为:

$$\frac{1}{\rho(x)} = \frac{M(x)}{EI} \tag{5-47}$$

式(5-47)为研究梁变形的基本公式,用来计算梁变形后中性层(或梁轴线)的曲率半径 ρ。该式表明:中性层的曲率 $\dfrac{1}{\rho}$ 与弯矩 M 成正比,与 EI 成反比。

EI 称为梁的抗弯刚度,它反映了梁抵抗弯曲变形的能力。

从几何方面来看挠曲线,则挠曲线上任一点的曲率有如下表达式:

$$\frac{1}{\rho(x)} = \pm \frac{\dfrac{\mathrm{d}^2 y}{\mathrm{d}x^2}}{\left[1 + \left(\dfrac{\mathrm{d}y}{\mathrm{d}x}\right)^2\right]^{\frac{3}{2}}}$$

在小变形时,梁的挠曲线很平缓,$\dfrac{\mathrm{d}y}{\mathrm{d}x}$ 是很微小的量,所以可以忽略高阶微量 $\left(\dfrac{\mathrm{d}y}{\mathrm{d}x}\right)^2$,再结合式(5-47)可得:

$$\pm \frac{\mathrm{d}^2 y}{\mathrm{d}x^2} = \frac{M(x)}{EI}$$

式中的正负号取决于所选坐标轴的方向。

在如图 5-54 所示的坐标系中,根据本书对弯矩正负号的规定可知,上式两端的正负号始终相反,所以:

$$\frac{\mathrm{d}^2 y}{\mathrm{d}x^2} = -\frac{M(x)}{EI} \tag{5-48}$$

式(5-48)称为梁弯曲时挠曲线的近似微分方程,它是计算梁变形的基本公式。

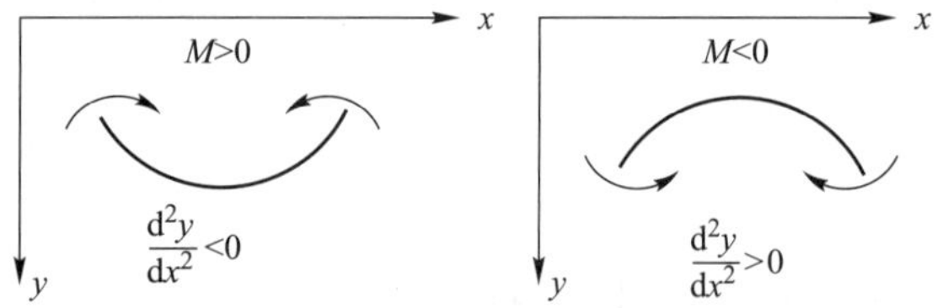

图 5-54

2. 用积分法求梁的变形

对于等截面梁,$EI =$ 常数,式(5-48)可改写为:

$$EIy'' = -M(x)$$

积分一次得:

$$EI\theta = EIy' = -\int M(x)\,\mathrm{d}x + C \tag{5-49}$$

再积分一次,即得:

$$EIy = -\iint M(x)\,\mathrm{d}x + Cx + D \tag{5-50}$$

式(5-49)、式(5-50)中的积分常数 C 和 D,可通过梁的边界条件来决定。

边界条件包括两种情况:一是梁上某些截面的已知位移条件,如铰链支座处的截面上 $y=0$,固定端的截面 $\theta=0$、$y=0$;二是根据整个挠曲线的光滑及连续性,得到各段梁交界处的变形连续条件。

【例 5-15】 如图 5-55 所示的悬臂梁 AB 受均布载荷 q 作用,已知梁长 l,抗弯刚度为 EI,试求最大的截面转角及挠度。

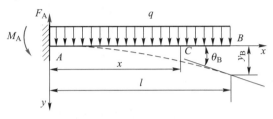

图 5-55 【例 5-15】附图

解:以梁左端 A 为原点,取坐标系如图 5-55 所示。

(1)求约束力。

由平衡方程可得 $F_A=ql$,$M_A=\dfrac{1}{2}ql^2$

(2)列弯矩方程。

在距原点 x 处取截面,列出弯矩方程为:

$$M(x)=-M_A+F_A x-\frac{1}{2}qx^2=-\frac{1}{2}ql^2+qlx-\frac{1}{2}qx^2$$

(3)列挠曲线近似微分方程,并进行积分。

挠曲线近似微分方程为:

$$EIy''=-M(x)=\frac{1}{2}ql^2-qlx+\frac{1}{2}qx^2$$

一次积分得:

$$EIy'=\frac{1}{2}ql^2x-\frac{1}{2}qlx^2+\frac{1}{6}qx^3+C \qquad ①$$

二次积分得:

$$EIy=\frac{1}{4}ql^2x^2-\frac{1}{6}qlx^3+\frac{1}{24}qx^4+Cx+D \qquad ②$$

(4)确定积分常数。

由悬臂梁固定端边界条件可知,该截面的转角和挠度均为零,即在 $x=0$ 处,$\theta_A=0$,$y'_A=0$,$y_A=0$。将两边界条件代入式①、式②,得 $C=0$,$D=0$。

(5)确定转角方程和挠度方程。

将得出的积分常数 C、D 代入式①、式②,得转角方程和挠度方程。

$$EIy'=\frac{1}{2}ql^2x-\frac{1}{2}qlx^2+\frac{1}{6}qx^3$$

$$EIy = \frac{1}{4}ql^2x^2 - \frac{1}{6}qlx^3 + \frac{1}{24}qx^4$$

（6）求最大转角和最大挠度。

由图可见在自由端 B 处的截面有最大转角和最大挠度。将 $x=l$ 代入上式，可得：

$$\theta_{B\max} = \frac{ql^3}{6EI}, \quad y_{B\max} = \frac{ql^4}{8EI}(\downarrow)$$

5.8.3 叠加法求梁的变形

简单载荷作用下的挠度和转角可以直接在表 5-6 中查得。

表 5-6 简单载荷作用下梁的挠度和转角

序号	梁的形式与载荷	挠曲线方程	端截面转角	挠度
1		$y = \dfrac{Fx^2}{6EI}(3l-x)$	$\theta_B = \dfrac{Fl^2}{2EI}$	$y_B = \dfrac{Fl^3}{3EI}$
2		$y = \dfrac{Fx^2}{6EI}(3a-x)$ $(0 \leqslant x \leqslant a)$ $y = \dfrac{Fa^2}{6EI}(3x-a)$ $(a \leqslant x \leqslant l)$	$\theta_B = \dfrac{Fa^2}{2EI}$	$y_B = \dfrac{Fa^2}{6EI}(3l-a)$
3		$y = \dfrac{qx^2}{24EI}(6l^2+x^2-4lx)$	$\theta_B = \dfrac{ql^3}{6EI}$	$y_B = \dfrac{ql^4}{8EI}$
4		$y = \dfrac{mx^2}{2EI}$	$\theta_B = \dfrac{ml}{EI}$	$y_B = \dfrac{ml^2}{2EI}$
5		$y = \dfrac{mx^2}{2EI}(0 \leqslant x \leqslant a)$ $y = \dfrac{ma}{EI}\left(\dfrac{a}{2}-x\right)$ $(a \leqslant x \leqslant l)$	$\theta_B = \dfrac{ma}{EI}$	$y_B = \dfrac{ma}{2EI}\left(l-\dfrac{a}{2}\right)$
6		$y = \dfrac{Fx}{48EI}(3l^2-4x^2)$ $(0 \leqslant x \leqslant l)$	$\theta_A = -\theta_B = \dfrac{Fl^2}{16EI}$	$y_C = \dfrac{Fl^3}{48EI}$

序号	梁的形式与载荷	挠曲线方程	端截面转角	挠度
7		$y = \dfrac{Fbx}{6lEI}(l^2-x^2-b^2)$ $(0 \leq x \leq l)$ $y = \dfrac{F}{EI}\left[\dfrac{b}{6l}(l^2-b^2-x^2)x + \dfrac{1}{6}(x-a)^3\right]$ $(0 \leq x \leq l)$	$\theta_A = \dfrac{Fab(l+b)}{6lEI}$ $\theta_B = -\dfrac{Fab(l+b)}{6lEI}$	若 $a>b$ $y_C = \dfrac{Fb}{48EI}(3l^2-4b^2)$ $y_{max} = \dfrac{Fb}{9\sqrt{3}\,lEI}(l^2-b^2)^{\frac{1}{2}}$ y_{max} 在 $x = \dfrac{1}{3}\sqrt{l^2-b^2}$ 处
8		$y = \dfrac{qx}{24EI}(l^3-2lx^2+x^3)$	$\theta_A = -\theta_B = \dfrac{ql}{24EI}$	$y_C = \dfrac{5ql^4}{384EI}$
9		$y = \dfrac{mx}{6lEI}(l^2-x^2)$	$\theta_A = \dfrac{ml}{6EI}$ $\theta_B = -\dfrac{ml}{3EI}$	$y_C = \dfrac{ml^2}{16EI}$ $y_{max} = \dfrac{ml^2}{9\sqrt{3}\,EI}$ y_{max} 在 $x = \dfrac{1}{\sqrt{3}}$ 处
10		$y = -\dfrac{mx}{6lEI}(l^2-3b^2-x^2)$ $(0 \leq x \leq a)$ $y = -\dfrac{m(l-x)}{6lEI}$ $(3a^2-2lx+x^2)$ $(a \leq x \leq l)$	$\theta_A = -\dfrac{m}{6lEI}(l^2-3b^2)$ $\theta_B = -\dfrac{m}{6lEI}(l^2-3a^2)$ $\theta_C = -\dfrac{m}{6lEI}(l^2\,3a^2-3b^2)$	$y_{1max} = \dfrac{m}{9\sqrt{3}\,lEI}(l^2-3b^2)^{\frac{3}{2}}$ (发生在 $x = \sqrt{\dfrac{l^2-3b^2}{3}}$ 处) $y_{2max} = \dfrac{m}{9\sqrt{3}\,lEI}(l^2-3a^2)^{\frac{3}{2}}$ (发生在 $x = \sqrt{\dfrac{l^2-3a^2}{3}}$ 处)

在梁上有多个载荷作用时,由于是小变形,梁上各点的水平位移又忽略不计,并且认为两支座间的距离和各载荷作用点的水平位置不因变形而改变。因此,每个载荷产生的支座约束力、弯矩以及梁的挠度和转角,将不受其他载荷的影响,与载荷呈线性关系,可运用叠加原理计算梁在多个载荷作用下的支座约束力、弯矩以及梁的变形。

叠加原理:梁在几个载荷共同作用下产生的变形(或支座约束力、弯矩),等于各个载荷单独作用时产生的变形(或支座约束力、弯矩)的代数和。

即先分别计算每种载荷单独作用下所引起的转角和挠度,然后再将它们代数叠加,就得到在几种载荷共同作用下的转角和挠度。

【例 5-16】 用叠加法求图 5-56 所示简支梁的跨中挠度和 A 处截面的

转角。

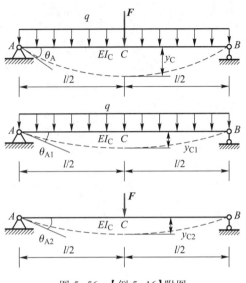

图 5-56 【例 5-16】附图

解:查表得分布载荷与集中力单独作用时的跨中挠度分别为:

$$y_{C1} = \frac{5ql^4}{384EI}, y_{C2} = \frac{Fl^3}{48EI}$$

则两载荷共同作用的跨中挠度:

$$y_C = y_{C1} + y_{C2} = \frac{5ql^4}{384EI} + \frac{Fl^3}{48EI} = \frac{5ql^4 + 8EI^3}{384EI}$$

同理可求得 A 处截面的转角:

$$\theta_A = \theta_{A1} + \theta_{A2} = \frac{ql^3}{24EI} + \frac{Fl^3}{16EI} = \frac{2ql^3 + 3Fl^2}{48EI}$$

【例 5-17】　计算下图 5-57a 所示悬臂梁 C 截面的挠度和转角。

解:为了应用叠加法,将均布载荷向左延长至 A 端,为与原梁的受力状况等效,在延长部分加上等值反向的均布载荷,如图 5-57b 所示。

将梁分解为图 5-57c 和 5-57d 两种简单受力情况。

查表,图 5-57c 梁:

$$y_{C1} = \frac{ql^4}{8EI}, \theta_{C1} = \frac{ql^3}{6EI}$$

图 5-57d 梁:

$$y_B = -\frac{q\left(\frac{l}{2}\right)^4}{8EI} = -\frac{ql^4}{128EI}$$

$$\theta_B = -\frac{q\left(\frac{l}{2}\right)^3}{6EI} = -\frac{ql^3}{48EI}$$

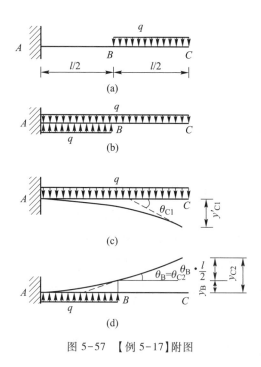

图 5-57 【例 5-17】附图

由于：

$$\theta_{C2} = \theta_B = -\frac{ql^3}{48EI}$$

所以：

$$y_{C2} = y_B + \theta_B \times \frac{l}{2} = -\frac{7ql^4}{384EI}$$

叠加得：

$$y_C = y_{C1} + y_{C2} = \frac{ql^4}{8EI} - \frac{7ql^4}{384EI} = \frac{41ql^4}{384EI}$$

$$\theta_C = \theta_{C1} + \theta_{C2} = \frac{ql^3}{6EI} - \frac{ql^3}{48EI} = -\frac{7ql^3}{48EI}$$

5.8.4 梁的刚度条件

在工程中，当按强度条件进行计算后，有时还需进行刚度校核。因为虽然梁满足强度条件时工作应力并没有超过材料的许用应力，但是由于弯曲变形过大往往也会使梁不能正常工作，所以要进行刚度校核。

为了满足刚度要求，控制梁的变形，使梁的挠度和转角不超过许用值，即满足：

$$\frac{|y_{max}|}{l} \leqslant \left[\frac{f}{l}\right] \tag{5-51}$$

135

或：

$$|y_{max}| \leqslant [y] \tag{5-52}$$

以及：

$$|\theta_{max}| \leqslant [\theta] \tag{5-53}$$

式中,许可挠度 $\left[\dfrac{f}{l}\right]$、$[y]$ 和许可转角 $[\theta]$ 的大小可在工程设计的有关规范中查到。

梁在使用时有时需同时满足强度条件和刚度条件。对于大多数构件的设计过程,通常是按强度条件选择截面尺寸,然后用刚度条件校核。

【例 5-18】　如图 5-58 所示,工字钢悬臂梁在自由端受一集中力 $F = 10$ kN 作用,已知材料的许用应力 $[R] = 160$ MPa,$E = 200$ GPa,许用挠度 $\left[\dfrac{f}{l}\right] = \dfrac{1}{400}$,试选择工字钢的截面型号。

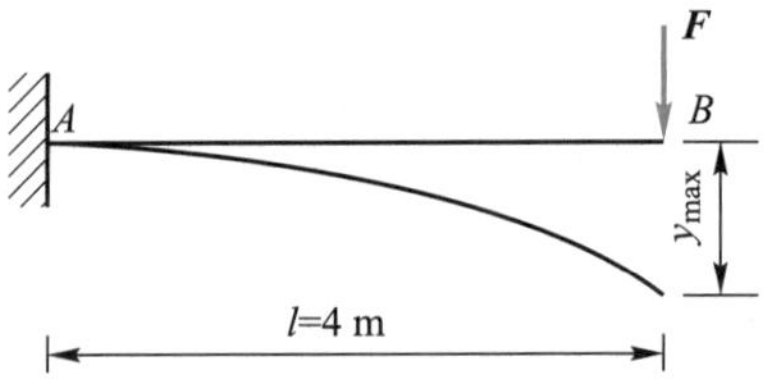

图 5-58 【例 5-18】附图

解:(1)按强度条件选择工字钢截面型号。

$$M_{max} = Fl = 10 \times 4 \text{ kN} \cdot \text{m} = 40 \text{kN} \cdot \text{m}$$

根据强度条件：

$$\frac{M_{max}}{W_z} \leqslant [R]$$

得：

$$W_z \geqslant \frac{M_{max}}{[R]} = \frac{40 \times 10^3}{160 \times 10^6} \text{m}^3 = 0.25 \times 10^{-3} \text{ m}^3 = 250 \text{ cm}^3$$

由型钢表查得 $20b$ 工字钢：

$$W_z = 250 \text{ cm}^3, I_z = 2500 \text{ cm}^4$$

(2)刚度条件校核。

梁的最大挠度发生在 B 截面：

$$f = y_B = \frac{Fl^3}{3EI} = \frac{10 \times 10^3 \times 4^3}{3 \times 200 \times 10^9 \times 2500 \times 10^{-8}} \text{m} = 0.0427 \text{ m}$$

$$\frac{f}{l} = \frac{0.0427}{4} = \frac{1}{94} > \left[\frac{f}{l}\right] = \frac{1}{400}$$

不满足刚度要求。

(3)按刚度要求重新选择截面型号。

根据

$$\frac{f}{l} = \frac{Fl^3}{3EI} \leqslant \left[\frac{f}{l}\right] = \frac{1}{400}$$

得：

$$I_z \geqslant \frac{Fl^2 \times 400}{3E} = \frac{10 \times 10^3 \times 4^2 \times 400}{3 \times 200 \times 10^9} \text{m}^4 = 1.067 \times 10^{-4} \text{ m}^4 = 10670 \text{ cm}^4$$

由型钢表查得 32a 工字钢 $I_z = 11075 \text{ cm}^4$，$W_z = 692 \text{ cm}^3$。此时：

$$\frac{f}{l} = \frac{Pl^3}{3EI} = \frac{10 \times 10^3 \times 4^3}{3 \times 200 \times 10^9 \times 11.075 \times 10^{-5}} = 0.0024 = \frac{1}{417}$$

$$R_{max} = \frac{M_{max}}{W_z} = \frac{40 \times 10^3}{692 \times 10^{-6}} \text{Pa} = 57.8 \times 10^6 \text{ Pa} = 57.8 \text{ MPa} < [R]$$

5.8.5 提高梁弯曲刚度的措施

梁的变形与梁的抗弯刚度 EI、梁的跨度 l、载荷形式及支座位置有关。为了提高梁的刚度，在使用要求允许的情况下可以从以下几方面着手。

1. 缩小梁的跨度或增加支座

梁的跨度对梁的变形影响最大，缩短梁的跨度是提高刚度极有效的措施。有时梁的跨度无法改变，可增加梁的支座。如图 5-59 所示的均布载荷作用下的简支梁，在跨中最大挠度为 $f = \frac{5ql^4}{384EI} = 0.013 \frac{ql^4}{EI}$，若梁跨减小一半，则最大挠度为 $f_1 = \frac{1}{16}f$；若在梁跨中点增加一支座，则梁的最大挠度约为 $0.0003426 \frac{ql^4}{EI}$，仅为不加支座时的 $\frac{1}{38}$。所以在设计中常采用能缩短跨度的结构，或增加中间支座。此外，加强支座的约束也能提高梁的刚度。

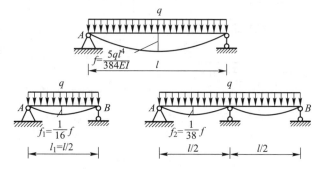

图 5-59　缩小梁的跨度或增加支座

2. 选择合理的截面形状

梁的变形与抗弯刚度 EI 成反比，增大 EI 将使梁的变形减小。为此可采用惯性矩 I 较大的截面形状，如工字形、圆环形、框形等。为提高梁的刚度而采用高强度钢材是不合适的，因为高强度钢的杨氏模量 E 较一般钢材并无多少提高，反而提高了成本。

3. 改善载荷的作用情况

弯矩是引起变形的主要因素,变更载荷作用位置与方式,减小梁内弯矩,可达到减小变形、提高刚度的目的。例如将较大的集中载荷移到靠近支座处,或把一些集中力尽量分散,甚至改为分布载荷。

5.9　案例分析

某车间现有起吊重量为 5 t 的桥式起重机,现需要吊起近 10 t 的工件,若强行起吊,极有可能使梁因强度不足而造成断裂,如何在现有条件下进行起吊作业?

解:(1) 初步拟订起重方案。

① 合理安排梁的支承及增加约束。

② 选择行车轨道梁的合理截面。

③ 合理布置载荷。

(2) 起重原理分析。

① 合理安排梁的支承及增加约束。当梁的尺寸和截面形状已定时,合理安排梁的支承和增加约束,可以缩小梁的跨度、降低梁上的最大弯矩。如图 5-60 所示,受均布载荷的简支梁,若能改为两端外伸梁,则梁上的最大弯矩将大为降低。对本案中的集中载荷也同样如此。增加约束,缩短梁的跨度,对提高梁的刚度极为有效。若在图示简支梁中间加一活动铰支座,则梁的最大挠度只有原来的几十分之一。

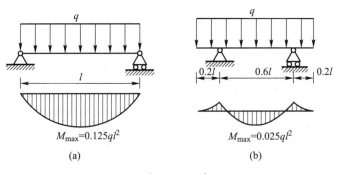

图 5-60　【案例分析】附图 1

② 梁的抗弯截面系数 W_z 与截面的面积、形状有关,在满足 W_z 的情况下选择适当的截面形状,使其 W_z 减小,可达到节约材料、减轻自重,同时降低弯曲应力的目的。

③ 当载荷已确定时,合理地布置载荷可以减小梁上的最大弯矩,提高梁的承载能力。本案中只要将起吊点位置改变,变一个集中载荷为两个集中载荷,

如图 5-61 所示,此种情况下,行车梁所受的最大弯矩值减少为原来的 50%,达到减小梁的弯矩的目的,此时经过计算,可知,吊起 10 t 重的工件不成问题,故可将原起吊装置进行改进,如图 5-61c 所示,工件的重量由两根绳子均匀承担,此时梁所承受的最大弯矩降为 $1/8Fl$,即其承载能力提高一倍。

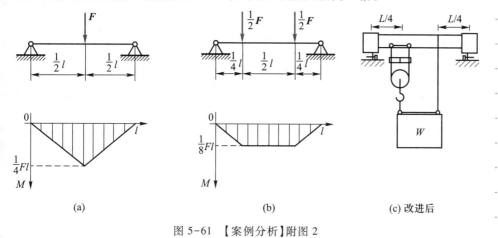

图 5-61 【案例分析】附图 2

思考题

1. 如图 5-62 所示,同样材料、相同截面形状、不同截面面积的两根杆件在受到相同的不断增加的外力作用,哪根杆件先被破坏,为什么?

图 5-62 思考题 1 附图

2. 三种材料的 $R\text{-}e$ 曲线如图 5-63 所示,试指出这三种材料的力学性能特点。

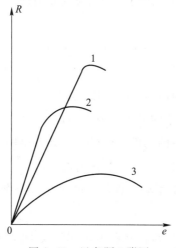

图 5-63 思考题 2 附图

3. 剪切时产生的挤压与压缩有何区别?

4. 如图 5-64 所示横截面上的切应力分布图是否正确?

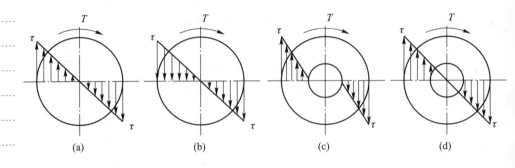

图 5-64　思考题 4 附图

5. 如图 5-65 所示的桥梁上有汽车及行人时,桥梁主梁(或桥面板)会发生那些变形?

图 5-65　思考题 5 附图

6. 判断题:

(1)轴向拉伸或压缩杆件横截面上正应力的正负号规定:正应力方向与横截面外法线方向一致为正,相反时为负,这样的规定和按杆件变形的规定是一致的。(　　)

(2)轴向拉伸或压缩杆作的轴向线应变和横向线应变符号一定是相反的。(　　)

(3)一钢杆和一铝杆若在拉伸时产生相同的线应变,则二杆横截面上的正应力是相等的。(　　)

(4)低碳钢拉伸试验时,所谓屈服就是应变有非常明显的增加,而应力的大小先是下降,然后在很小的范围内波动的现象。(　　)

(5)工程上某些受力的构件,如钢筋、链条及钢绳等,常常是通过一定的塑性变形或通过加工硬化来提高其承载能力的。(　　)

(6)一个阶梯状直杆各段的轴力不同,但其最大轴力所在的横截面一定是危险点所在的截面。(　　)

(7)一般情况下,挤压常伴随着剪切同时发生,但须指出,挤压应力与剪应

力是有区别的,它并非构件内部单位面积上的内力。(　　)

(8)圆轴横截面上的扭矩为 T,按强度条件算得直径为 d,若该横截面上的扭矩变为 $0.5T$,则按强度条件可算得相应的直径为 $0.5d$。(　　)

(9)实心圆轴和空心圆轴的材料、长度相同,在扭转强度相等的情况下,空心圆轴的重量轻,故采用空心圆轴合理;空心圆轴壁厚越薄,材料的利用率越高,但空心圆轴壁太薄容易产生局部皱折,使承载能力显著降低。(　　)

(10)一个空心圆轴在产生扭转变形时,其危险截面外缘处具有全轴的最大切应力,而危险截面内缘处的切应力为零。(　　)

(11)对于横力弯曲的梁,若其跨度和截面高度之比大于 5,则用纯弯曲建立的弯曲正应力公式计算所得的正应力,较之梁的真实正应力的误差很小。(　　)

(12)梁弯曲变形时,由于变形很小,横截面的转角等于该梁挠曲线在该横截面处的切线斜率。(　　)

7. 填空题:

(1)为保证工程结构或机器设备的正常工作,构件具备足够的_____、刚度和稳定性。

(2)胡克定律的应力适用范围若更精确地讲则就是应力不超过材料的_____极限。

(3)在应力不超过材料比例极限的范围内,若杆的抗拉(或抗压)刚度越_____,则变形就越小。

(4)低碳钢的拉伸曲线分为四个阶段:弹性变形阶段、_____阶段、强化阶段和颈缩阶段。

(5)金属拉伸试样在屈服时会表现出明显的_____变形,如果金属零件有了这种变形就必然会影响机器正常工作。

(6)铸铁试样压缩时,其破坏断面的法线与轴线大致成_____的倾角。

(7)为了保证构件安全、可靠地工作,在工程设计时通常把_____应力作为构件实际工作应力的最高限度。

(8)正方形截面的低碳钢直拉杆,其轴向拉力 3600 N,若许用应力为 100 MPa,则此拉杆横截面边长至少应为_____mm。

(9)在螺栓联接中,剪切面_____于外力方向。

(10)受扭圆轴横截面内同一圆周上各点的切应力大小是_____的。

(11)用抗拉强度和抗压强度不相等的材料,如铸铁等制成的梁,其横截面宜采用不对称于中性轴的形状,而使中性轴偏于受_____纤维一侧。

(12)在平面弯曲的情况下,梁变形后的轴线将成为一条连续而光滑的平面曲线,此曲线被称为_____。

习题

1. 如图 5-66 所示为一正方形截面的阶形砖柱,柱顶受轴向压力 F 作用。上段柱重为 W_1,下段柱重为 W_2。已知 $F = 15$ kN,$W_1 = 2.5$ kN,$W_2 = 10$ kN,$l = 3$ m。求上、下段柱的底截面 1—1 和 2—2 上的应力。

2. 一根直径 $d = 16$ mm,长 $l = 3$ m 的圆截面杆,承受轴向拉力 $F = 30$ kN,其伸长为 $\Delta l = 2.2$ mm。试计算该杆材料的杨氏模量 E 及此时横截面上承受的正应力。

3. 如图 5-67 所示,求阶梯状直杆各横截面上的应力,并求杆的总伸长。材料的杨氏模量 $E = 200$ GPa。横截面面积 $A_1 = 200$ mm^2,$A_2 = 300$ mm^2,$A_3 = 400$ mm^2。

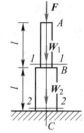

图 5-66　习题 1 附图

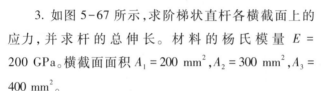

图 5-67　习题 3 附图

4. 如图 5-68 所示桁架,由圆截面杆 1 与杆 2 组成,并在节点 A 承受载荷 $F = 80$ kN 作用。杆 1、杆 2 的直径分别为 $d_1 = 30$ mm 和 $d_2 = 20$ mm,两杆的材料相同,屈服极限 $R_e = 320$ MPa,安全因数 $n_s = 2.0$。试校核桁架的强度。

5. 已知焊缝材料的许用切应力 $[\tau] = 100$ MPa,$F = 300$ kN,$t = 10$ mm,如图 5-69 所示,求所需焊缝长度 l。

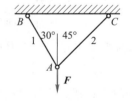

图 5-68　习题 4 附图

6. 如图 5-70 所示圆截面杆件,承受轴向拉力 F 的作用。设拉杆的直径为 d,端部墩头的直径为 D,高度为 h,试从强度方面考虑,建立三者间的合理比值。已知许用应力 $[R] = 120$ MPa,许用切应力 $[\tau] = 90$ MPa,许用挤压应力 $[R_{jy}] = 240$ MPa。

7. 如图 5-71 所示等截面圆轴,已知 $D = 100$ mm,$l = 50$ cm,轴上的外力偶

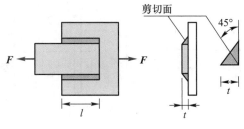

图 5-69 习题 5 附图

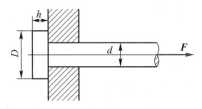

图 5-70 习题 6 附图

$M_1 = 8 \text{ kN} \cdot \text{m}, M_2 = 3 \text{ kN} \cdot \text{m}$，求轴承受的最大切应力。

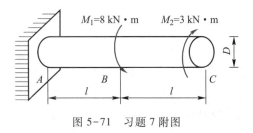

图 5-71 习题 7 附图

8. 一吊车用 32c 工字钢($W_z = 760 \text{ cm}^3$)制成，将其简化为一简支梁，如图 5-72 所示，梁长 $l = 10 \text{ m}$，自重不计。若最大起重载荷为 $F = 35 \text{ kN}$(包括葫芦和钢丝绳)，许用应力为$[R] = 130 \text{ MPa}$，试校核梁的强度。

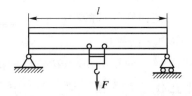

图 5-72 习题 8 附图

9. 如图 5-73 所示槽形截面铸铁梁，$F = 10 \text{ kN}$，$M_e = 70 \text{ kN} \cdot \text{m}$，许用拉应力 $[R] = 35 \text{ MPa}$，许用压应力$[R_c] = 120 \text{ MPa}$。试校核梁的强度。

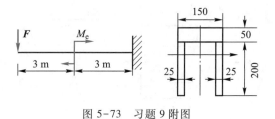

图 5-73　习题 9 附图

竞赛题

1. 如图 5-74 所示等截面均质刚性梁 CD 长为 $L+2b$,由两根绳索悬挂于 A、B,已知绳索的横截面面积 S 相同,绳索长 $l_1 = 2l_2 = 2a$,材料杨氏模量分别为 E_1 和 E_2,而且 $E_1 = 3E_2$,在刚性梁距杆 1 的悬挂点 A 为 x 处作用一集中力 F,为使刚性梁受力后保持水平位置,则应使 F 力作用点位置 $x =$ 为_____。(第五届江苏省大学生力学竞赛)

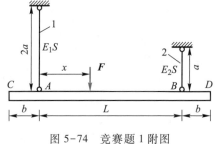

图 5-74　竞赛题 1 附图

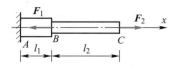

图 5-75　竞赛题 2 附图

2. 一阶梯状杆受力如图 5-75 所示,已知在 B 处,沿杆的轴线作用的载荷 $F_1 = 60$ kN,在自由端 C 沿轴线作用的载荷 $F_2 = 20$ kN,AB 段横截面的面积 $S_1 = 200$ mm^2,长 $l_1 = 1$ m,BC 段横截面的面积 $S_2 = 100$ mm^2,长 $l_2 = 3$ m,杆的杨氏模量 $E = 200$ GPa。则:

(1) 截面 B 的轴向位移为 $\delta_B =$ _____。

(2) 轴向位移为零的横截面到 A 端的距离 $x =$ _____。

(第八届江苏省大学生力学竞赛)

3. 如图 5-76 所示结构中,已知 AB、BO、DO 三杆的抗拉(压)刚度均为 EA,水平梁 BD 是刚性的,则在载荷 F 作用下梁 BD 的中点 C 的竖直位移 $\Delta_{CV} =$ _____、水平位移 $\Delta_{CH} =$ _____。(第九届江苏省大学生力学竞赛)

4. 如图 5-77 所示,对某金属材料进行拉伸试验时,测得其杨氏模量 $E = 200$ GPa,若超过屈服极限后继续加载,当试件横截面上的正应力为 $R = 300$ MPa (该应力小于该材料的强度极限 R_m)时,测得其轴向线应变 $e = 4.50 \times 10^{-2}$,然后完全卸载。则该试件的轴向塑性线应变 $e_P =$ _____。(第七届江苏省大学生

力学竞赛）

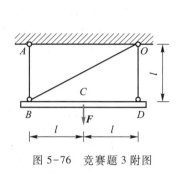

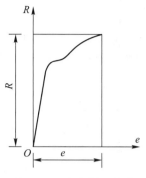

图 5-76　竞赛题 3 附图　　　　图 5-77　竞赛题 4 附图

5. 做低碳钢拉伸试验,当试样横截面上应力达到 320 MPa 时,开始卸载,卸载后测得试样残留的轴向线应变为 $2.0×10^{-3}$。若该钢材的杨氏模量 $E = 200$ GPa、屈服极限 $R_e = 240$ MPa,则开始卸载前试样的轴向线应变为_____。（第九届江苏省大学生力学竞赛）

6. 如图 5-78 所示矩形截面等直细长杆,通过两端的螺栓（直径为 d）来传递轴向力 F,已知杆长 L、材料杨氏模量 E、强度极限 R_m;该杆允许承受的极限压力 $F =$_____;若杆受拉,则该杆允许施加的极限拉力 $F =$_____。（第五届江苏省大学生力学竞赛）

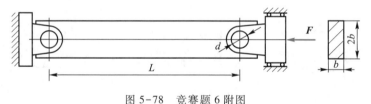

图 5-78　竞赛题 6 附图

7. 如图 5-79 所示木榫头的剪切面积为_____和_____,挤压面积为_____。（第五届江苏省大学生力学竞赛）

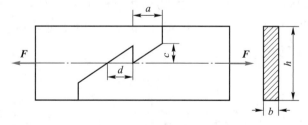

图 5-79　竞赛题 7 附图

8. 矩形截面销钉与圆截面杆的联接如图 5-80 所示,已知圆截面杆直径 d;矩形截面销钉长度 $2d$,宽度 b 和高度 h。在力 F 的作用下,销钉的剪切切应力为_____,挤压应力为_____。（第八届江苏省大学生力学竞赛）

9. 等截面受扭圆轴 1 与圆管 2 紧密地粘接在一起,横截面尺寸如图 5-81 所示,轴 1 的外径为 d,剪切弹性模量为 G_1,圆管 2 的外径为 D,剪切弹性模量为 G_2,该圆轴两端受外力偶矩 T 作用,且满足平面截面假设,如欲使圆轴 1 和圆管 2 所分配的扭矩值相同。求:(1)比值 d/D;(2)圆轴 1 和圆管 2 横截面上的最大切应力。(第五届江苏省大学生力学竞赛)

图 5-80　竞赛题 8 附图　　　　　图 5-81　竞赛题 9 附图

10. 由直径为 d 的圆截面材料制成圆形、正方形、对角线与底边成 60° 的矩形等三个受竖向载荷作用的实心梁(图 5-82)。在长度、支座、受载、材料相同的情况下,试比较三个梁中哪一个梁能承受的弯矩最大;哪一个梁能承受的工作应力最大;哪一个梁的重量最轻?(第六届江苏省大学生力学竞赛)

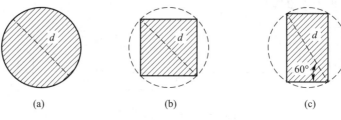

(a)　　　　　　　(b)　　　　　　　(c)

图 5-82　竞赛题 10 附图

11. 如图 5-83 所示,受均布载荷作用的水平梁 AC 为 14 工字钢,其抗弯截面系数 $W_z = 102 \times 10^3 \ \text{mm}^3$,铅垂杆 BD 为圆截面钢杆,其直径 $d = 25 \ \text{mm}$,梁和杆的材料相同,许用应力为 $[R] = 160 \ \text{MPa}$。试求许用载荷集度 $[q]$。(第七届江苏省大学生力学竞赛)

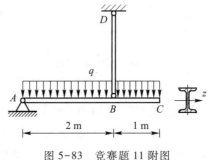

图 5-83　竞赛题 11 附图

12. 如图 5-84 所示组合梁,载荷集度 q,长度 l 和抗弯刚度 EI 均为已知, $F = 2ql$,则 B 处挠度的大小为_____。(第七届江苏省大学生力学竞赛)

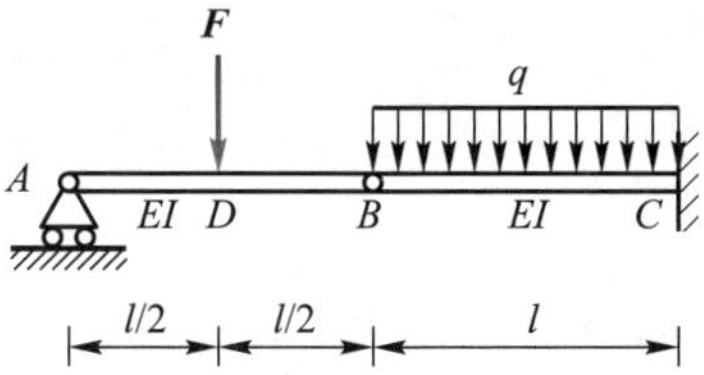

图 5-84　竞赛题 12 附图

第6章

强度理论和组合变形

学习目标

理解并掌握应力状态的概念,掌握平面应力状态下的强度理论,能够对拉(压)弯组合、斜弯曲等几种组合变形进行应力分析和强度计算。

单元概述

杆件的组合分析内容包括应力状态分析和杆件组合变形的强度计算,通过应力状态分析,可以建立应力单元体、主平面和主应力等相关概念,根据强度理论假说,提出常用的四个强度理论及其适用范围。本章研究的组合变形对象是拉(压)弯曲组合变形及弯曲扭转组合变形,这些研究对杆件的工程设计及工程施工等是十分必要的。本章的重点包括组合变形的分析及强度条件的建立,难点是复杂状态强度分析的四个强度理论。

微视频
点的应力
状态

6.1 点的应力状态和强度理论

6.1.1 点的应力状态

1. 应力单元体

杆件在受外力作用而发生变形时,往往在杆内同一截面上的内力元素不是单一的,而且各点的应力会随该点在截面上的位置不同而变化,过杆上任意一点沿不同方位的斜截面上的应力又各不相同。如图 6-1 所示,长度为 L 的杆件的变形包含弯曲变形和扭转变形。

研究某点处的应力状态时,可以围绕该点取一个边长为无穷小的正六面体(称为单元体),然后对这个单元体进行受力分析,如图 6-2 所示。由于单元体的边长无穷小,可做以下两点假设:① 单元体各个面上的应力是均匀分布的;② 单元体上任意两个平行面上的应力,其大小和性质完全相同。

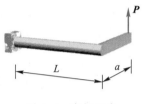 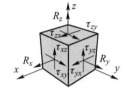

图 6-1　弯扭组合　　　　图 6-2　一点应力状态

2. 主平面和主应力

一般将单元体上切应力等于零的平面称为主平面,作用在主平面上的正应力称为主应力。经证明:过受力构件上任意一点总可以找到由三个互相垂直的主平面组成的单元体,称为主单元体,相应的三个主应力,分别用 R_1、R_2 和 R_3 表示,并按它们的数值大小顺序排列,即 $R_1 \geqslant R_2 \geqslant R_3$。

3. 应力状态

一点的应力状态通常由该点的三个主应力来表示,只有一个主应力不等于零的应力状态,称为单向应力状态,如图 6-3a 所示;当两个主应力不为零时,称为二向应力状态,又称平面应力状态,如图 6-3b 所示;当三个主应力不为零时,称为三向应力状态,如图 6-3c 所示。

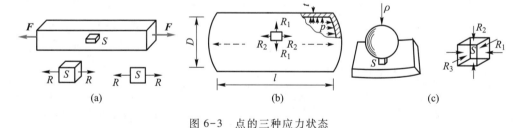

图 6-3　点的三种应力状态

6.1.2　强度理论

1. 强度理论假说

工程实际中的强度失效可分为两种类型:一种是因构件受载荷作用,应力过大而导致的断裂失效;另一种是因构件应力过大、出现屈服或明显的塑性变形,从而丧失了工作能力(如塑性材料在拉伸变形时,达到屈服阶段的部分会出现流动现象),称为塑性失效或屈服失效。

前面几章所分析的基本变形的强度条件是以构件受单向应力或纯切应力为前提的,而实际构件在受载时,其危险点常处于复杂应力状态下,既有正应力、又有切应力,此时是不能将两种应力分开来建立强度条件的。此时,复杂应力状态的强度分析是靠强度理论来实现的。强度理论是指通过对材料各种强度失效现象的观察和分析,经判断和推理,提出的材料强度失效的主要因素的假说。

微视频

强度理论

2. 常用的四个强度理论

（1）最大拉应力理论

最大拉应力理论又称第一强度理论,这一理论认为:最大拉应力是引起材料脆性断裂的主要因素,即不论材料处于何种应力状态,只要最大拉应力达到材料在单向拉伸断裂时的抗拉强度R_m,材料就会发生断裂破坏。最大拉应力理论对应的强度条件是:

$$R_1 \leq [R] \tag{6-1}$$

最大拉应力理论早在 17 世纪就被提出,由于当时主要的建筑材料是砖、石、铸铁等脆性材料,所以观察到的破坏现象多为脆性断裂。试验证明:这一理论能很好地解释脆性材料因拉伸、扭转或在二向拉应力状态下所产生的破坏现象,但是它未考虑其余两个主应力的影响。

（2）最大拉应变理论

最大拉应变理论又称第二强度理论,这一理论认为:最大拉应变是引起材料脆性断裂的主要因素,即不论材料处于何种应力状态,只要最大拉应变e_1达到材料单向拉伸断裂时的最大拉应变,材料就会发生断裂破坏。最大拉应变理论对应的强度条件是:

$$R_1 - \nu(R_2 + R_3) \leq [R] \tag{6-2}$$

式中,ν为材料的泊松比。

最大拉应变理论考虑了三个主应力的影响,形式上比最大拉应力理论完善,它对石料和混凝土等脆性材料受压时沿纵向发生断裂的现象能做出非常好的解释(在试验机上进行砖石、混凝土等脆性材料的轴向压缩试验时,试件将沿垂直于压力的方向发生断裂破坏,这一方向就是最大拉应变的方向)。当铸铁处于拉伸、压缩的二向应力状态,且压缩应力较大时,按此理论计算的结果也与实验结果相近。但是,这一理论不能解释三向受压应力状态下材料不易破坏的现象,与许多实际现象不符,故现在很少被采用。

（3）最大切应力理论

最大切应力理论又称第三强度理论,这一理论认为:最大切应力是引起材料产生塑性屈服的主要因素,即不论材料处于何种应力状态,只要最大切应力达到材料在单向应力状态下破坏的切应力极限值τ_b,材料就会发生屈服破坏。最大切应力理论对应的强度条件是:

$$R_1 - R_3 \leq [R] \tag{6-3}$$

试验表明:这一理论对塑性材料是符合的,但是它未考虑R_2的影响,稍偏于安全。由于它计算简便,因此在工程中应用得相当广泛。

(4) 形状改变比能理论

构件受力发生变形时,在其体内储存了变形能。变形能由体积改变变形能和形状改变变形能组成,单位体积内储存的变形能可称为比能或变性能密度。

形状改变比能理论又称第四强度理论。这一理论认为:形状改变比能是引起材料塑性屈服的主要因素,即不论材料处于何种状态,只要构件内危险点处的形状改变比能达到材料在单向拉伸时的屈服破坏极限形状改变比能,材料就会发生塑性屈服破坏。形状改变比能理论对应的强度条件是:

$$\sqrt{\frac{1}{2}[(R_1-R_2)^2+(R_2-R_3)^2+(R_3-R_1)^2]} \leq [R] \tag{6-4}$$

试验证明:对于塑性材料,这一理论比最大切应力理论更符合试验结果。最大切应力理论和形状改变比能理论在实际工程中的应用相当广泛。

在上述四个强度理论对应的强度条件中,不等式右边均为材料的许用应力$[R]$,不等式左边为三个主应力的不同组合,可用R_{rdi}代替。R_{rdi}称为相当应力,表示构件危险点处三个主应力的不同组合形式。则四个强度理论的强度条件表达式可统一表示为:$R_{rdi} \leq [R]$。

其中:

$$R_{rd1} = R_1$$

$$R_{rd2} = R_1 - \nu(R_2+R_3)$$

$$R_{rd3} = R_1 - R_3$$

$$R_{rd4} = \sqrt{\frac{1}{2}[(R_1-R_2)^2+(R_2-R_3)^2+(R_3-R_1)^2]}$$

3. 强度理论的应用

大量的工程实践和试验结果表明:上述四种强度理论的有效性取决于材料的类别以及应力状态的类型,在三向拉伸应力状态下,不论是脆性材料还是塑性材料,都会发生脆性破坏,应采用最大拉应力理论;在三向压缩应力状态下,不论是塑性材料还是脆性材料,都会发生塑性屈服,应采用形状改变比能理论或最大切应力理论。一般而言,对脆性材料宜用最大拉应力理论或最大拉应变理论,对塑性材料宜用最大切应力理论和形状改变比能理论。

6.2　拉伸(压缩)与弯曲的组合变形

6.2.1　组合变形

1. 基本概念

杆件的基本变形为拉伸、压缩、剪切、扭转、弯曲,前面已经学习了杆件发生基本变形时的强度和刚度计算。在实际工程中,有许多构件在载荷作用下常常同时发生两种或两种以上变形,称为组合变形。

2. 组合变形分析

在研究组合变形时,可先将作用于杆件上的外力向杆件轴向进行简化和分组,使每一组载荷只发生一种基本变形,然后再应用叠加的方法并选择适当的强度理论进行强度计算。具体基本步骤为:

(1)外力分析:将作用于杆件的外力沿着由轴线和横截面两对称轴组成的直角坐标系作等效分解,使杆件在每组外力的作用下,只产生一种基本变形。

(2)内力分析:用截面法计算杆件横截面上的内力,并画出内力图,由此判断危险截面的位置。

(3)应力分析:根据基本变形时杆件横截面上的应力分布规律,运用叠加原理确定危险截面上危险点的位置及其应力值。

(4)强度计算:分析危险点的应力状态,结合杆件材料的性质,选择适当的强度理论进行强度计算。

6.2.2　拉伸(压缩)与弯曲的组合变形强度计算

如图 6-4 所示的简支梁 AB 在跨中 C 点承受载荷 $\boldsymbol{F}_1$ 的作用,在 A、B 两端承受载荷 $\boldsymbol{F}_2$ 的作用。

A、B 两端承受载荷 $\boldsymbol{F}_2$ 使杆轴线拉伸,$\boldsymbol{F}_1$ 使杆发生弯曲,因此,杆 AB 发生轴向拉伸与弯曲的组合变形。

在弯曲变形下,内力是弯矩和剪力,因为引起的切应力比较小,在拉(压)弯组合变形中一般不考虑剪力,画出杆的轴力图和弯矩图,如图 6-5a 所示。由内力图可知:C 截面为危险截面,该截面上的轴力 $F_N=F_2$,弯矩 $M=F_1 l/4$。危险截面上的应力分布情况如图 6-5b 所示,其中:

$$R=\frac{F_N}{S}, R_m=\frac{M_{max}}{W_z}$$

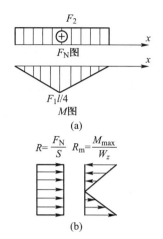

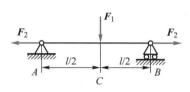

图 6-4　简支梁的受力分析　　　　图 6-5　简支梁的内力图及应力分布

由应力分布图可知,危险点为 C 截面的下边缘各点。由于两种基本变形在危险点引起的应力均为正应力,故危险点处于单向应力状态,只需将这两个同向应力进行代数相加,即可得危险点的最大应力为:

$$R_{\max} = R + R_{m} = \frac{F_{N}}{S} + \frac{M_{\max}}{W_{z}} = \frac{F_{2}}{S} + \frac{F_{1}l}{4W_{z}} \qquad (6-5)$$

对于塑性材料,许用拉应力和压应力相同,只需按截面上的最大应力进行强度计算,其强度条件为:

$$|R|_{\max} = \left| \frac{F_{N}}{S} \right| + \left| \frac{M_{\max}}{W_{z}} \right| \leqslant [R] \qquad (6-6)$$

对于脆性材料,许用拉应力和压应力不同,则要分别按最大拉应力和最大压应力进行强度计算,故强度条件分别为:

$$R_{\max} = \left| \pm \frac{F_{N}}{S} + \frac{M_{\max}}{W_{z}} \right| \leqslant [R]$$

$$R_{c\max} = \left| \pm \frac{F_{N}}{S} - \frac{M_{\max}}{W_{z}} \right| \leqslant [R_{c}] \qquad (6-7)$$

式中,$\dfrac{F_{N}}{S}$ 前取正号对应的是拉弯组合,取负号对应的是压弯组合。

6.3　扭转与弯曲的组合变形

如图 6-6 所示,横向力 F 使轴在 xz 平面内发生弯曲变形,力偶 M_{A} 使轴发生扭转变形。杆件发生弯曲和扭转的组合变形称为弯扭组合变形。由弯矩图和扭矩图可知:截面 B 为危险截面,最大正应力和切应力为:

$$R_{max} = \frac{M_{max}}{W_z}, \tau_{max} = \frac{T}{W_n}$$

根据最大切应力理论(第三强度理论),$\sqrt{R^2 + 4\tau^2} \leqslant [R]$ 或 $\dfrac{\sqrt{M_{max}^2 + T^2}}{W_z} \leqslant [R]$

根据形状改变比能理论(第四强度理论),$\sqrt{R^2 + 3\tau^2} \leqslant [R]$ 或 $\dfrac{\sqrt{M_{max}^2 + 0.75T^2}}{W_z}$

$\leqslant [R]$

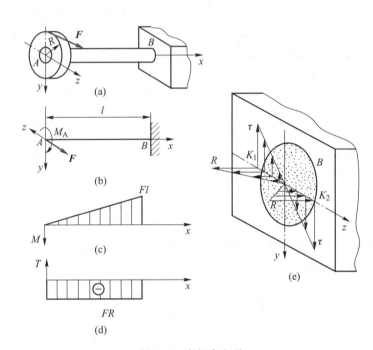

图 6-6　弯扭合变形

【例6-1】　如图 6-7 所示传动轴 AB 在联轴器上作用了外力偶矩,已知带轮的直径 $D = 0.5\text{m}$,带拉力 $F_T = 8\text{kN}$,$F_t = 4\text{kN}$,轴的直径 $d = 90\text{mm}$,$a = 500\text{mm}$,轴的许用应力$[R] = 50\text{MPa}$,试用最大切应力理论校核轴的强度。

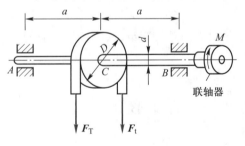

图 6-7　【例6-1】附图

解:(1) 外力分析。

$$F_T + F_t = (8+4)\,\text{kN} = 12\,\text{kN}$$

$$M = (F_T - F_t)\frac{D}{2} = (8-4)\,\text{kN} \times \frac{0.5}{2}\,\text{m} = 1\,\text{kN} \cdot \text{m}$$

（2）内力分析。

$$M_C = \frac{(F_T + F_t)a}{2} = \frac{(8+4) \times 0.5}{2}\,\text{kN} \cdot \text{m} = 3\,\text{kN} \cdot \text{m}$$

$$T = M = 1\,\text{kN} \cdot \text{m}$$

（3）强度校核。

$$M_{max} = M_C = 3\,\text{kN} \cdot \text{m}$$

$$T = M = 1\,\text{kN} \cdot \text{m}$$

根据最大切应力理论

$$R_{rd3} = \frac{\sqrt{M_{max}^2 + T^2}}{W_z}$$

$$= \frac{\sqrt{(3 \times 10^6\,\text{N} \cdot \text{mm})^2 + (1 \times 10^6\,\text{N} \cdot \text{mm})^2}}{\frac{\pi}{32} \times (90\,\text{mm})^3} = 43.4\ \text{MPa} < [R] = 50\,\text{MPa}$$

所以，轴的强度足够。

思考题

1. 杆件在轴向拉（压）、圆轴扭转时，构件内各点分别处于何种应力状态？

2. 脆性材料适用哪几个强度理论？塑性材料适用哪几个强度理论？

3. 请完成如图 6-8 所示拱桥桥墩的受力分析，并讨论在力的作用下，会发生哪些基本变形？截面上的危险点处于截面什么位置？

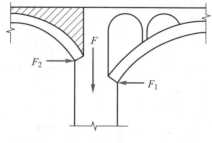

图 6-8　思考题 3 附图

4. 如果弯扭组合变形的轴用铸铁制成，是否仍可用 $\dfrac{\sqrt{M^2 + T^2}}{W} \leqslant [R]$ 或

$$\dfrac{\sqrt{M^2+0.75T^2}}{W}\le[R]\text{进行强度校核？}$$

5. 判断题：

（1）最大切应力理论认为最大切应力是引起材料破坏的主要原因，铸铁圆轴扭转时，因横截面上任意一点为纯切应力状态，故可用此理论对该轴进行强度计算。（　　）

（2）低碳钢试样拉伸屈服时，其表面出现与试样轴线大致成 45 度倾角的滑移线，这是由于沿此斜截面的切应力恰为最大。可见，利用最大切应力理论正好能够较为满意地解释塑性材料破坏的原因。（　　）

（3）拉伸（压缩）和弯曲组合变形时，截面上最危险的点位于中性轴上。（　　）

（4）拉弯组合变形，其横截面上的应力只有拉应力，而没有压应力。（　　）

（5）扭转与弯曲组合变形的杆件，从其表面取出的单元体处于二向应力状态。（　　）

6. 填空题：

（1）点的应力状态可分为平面应力状态和_____应力状态。

（2）塑性材料发生显著变形时，不能保持原有的形状和尺寸，往往影响其正常工作，故通常以_____极限作为构件失效的极限压力。

（3）外力作用线平行于直杆轴线但不通过杆件横截面形心，则杆产生_____变形。

（4）如图 6-9 所示，若在正方形截面短柱的中间处开一切槽，其面积为原来面积的一半，则柱内最大压应力是原来的压应力的_____倍。

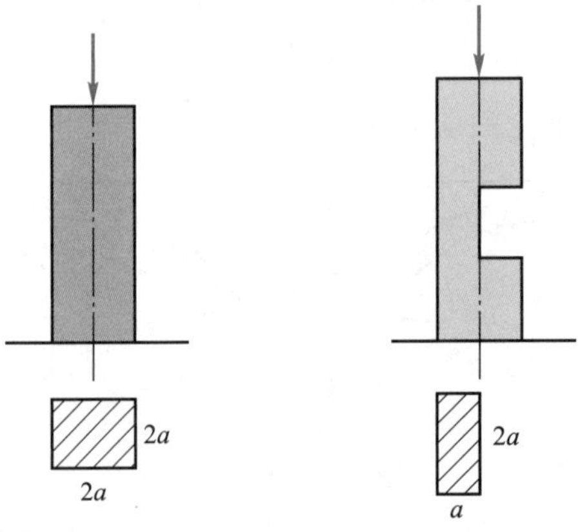

图 6-9　思考题 6（4）附图

（5）若计算构件组合变形时的位移、应力、应变和内力允许采用叠加原理，则要求每一基本变形所引起的位移、应力、应变和内力均与外力成_____关系。

习题

1. 如图 6-10 所示一悬臂滑车架,杆 AB 为 18 工字钢,其抗弯刚度 $Wz = 185\text{cm}^3$,横截面面积 $S = 30.6\text{cm}^2$,其长度为 $l = 2.6\text{m}$。试求当载荷作用 $F = 25\text{kN}$,在 AB 的中点 D 处时,杆内的最大正应力。设工字钢的自重可略去不计。

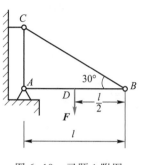

图 6-10　习题 1 附图

2. 手摇式提升机如图 6-11 所示,已知卷筒半径 $D = 400\text{mm}$,卷筒轴的直径 $d = 30\text{mm}$,材料为 Q235 钢,$[R] = 80\text{MPa}$,试按第三强度理论求最大起重载荷 F_Q。

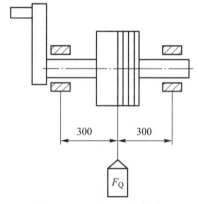

图 6-11　习题 2 附图

竞赛题

如图 6-12 所示,一缺口平板受拉力 $F = 80\text{kN}$ 的作用。已知截面尺寸 $h = 80\text{mm}$、$a = b = 10\text{mm}$,材料的许用应力 $[R] = 140\text{MPa}$。试校核该缺口平板的强度。如果强度不够,应如何补救?(要求补救措施尽可能简便、经济)。(第九届江苏省大学生力学竞赛)

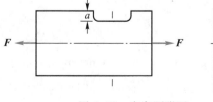
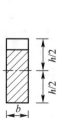

图 6-12　竞赛题附图

第 7 章

压 杆 稳 定

学习目标

正确理解压杆稳定的概念,能够对简单的细长杆件临界力、临界应力进行计算,对一般的提高压杆稳定的措施有初步的了解。

单元概述

在设计压杆时,除了强度外,还应考虑其稳定性。对于不同柔度的压杆,其临界应力的计算可分别采用欧拉公式、直线公式和压缩强度公式。

7.1 压杆稳定

在研究受压直杆时,从强度观点考虑,当横截面上的正应力达到材料的极限应力时,杆件就将发生破坏,但实际情况并非如此。图 7-1a、b 所示为钢锯条受压的试验简图,其中:钢锯条宽 11mm,厚 1mm,许用应力 $[R] = 196$MPa。根据拉压杆件强度条件可以计算杆件许用荷载:

$$R = \frac{F_N}{S} \leqslant [R]$$

$$F_N \leqslant S \times [R] = 11\text{mm} \times 1\text{mm} \times 196\text{MPa} = 2156\text{N}$$

由上述计算,可得许用荷载 $[R] = 2156$N。若用手指对钢锯条逐渐施加轴向压力,当压力增加到某个较小量值时,钢锯条会发生弯曲,如图 7-1c 所示,此时钢锯条在微弯的状态下保持平衡,但已经丧失了承载能力。前面强度条件计算出来的许用荷载为2156N,相当于四个女生的体重,而手指给钢锯条的压力远小于这个数值。试验情况表明:对于细长杆件,即使当压应力远没有达到强度极限时,压杆也会发生丧失稳定性的破坏。

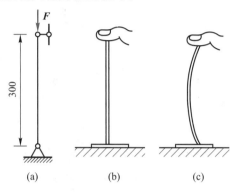

图7-1 钢锯条受压试验

利用细长的杆件重复上述的试验,当轴向压力 **F** 较小时,杆件在 **F** 力作用下保持直线平衡形式。如果增加一个瞬间横向的干扰力,此时会使杆件往复摆动,最终恢复到原有的直线平衡状态,这种平衡是稳定的,称为稳定平衡;当轴向压力 **F** 达到某个量值时,瞬间横向干扰力会使杆件发生弯曲,且不能回复到原有的直线平衡状态,只能在微弯状态下保持新的平衡,这种平衡是不稳定的,称为不稳定平衡,简称失稳。压杆保持直线平衡状态时的最大压力称为临界压力或临界力,用 F_{cr} 表示。

构件丧失稳定性所带来的危害是非常严重的。2000 年 10 月 25 日,南京电视台演播室中心裙楼在浇筑顶部混凝土施工中,因模板支撑系统失稳,屋盖坍塌,伤亡惨重。2008 年 1 月,我国南方大部分地区遭受了百年不遇的雨雪和冰冻灾害,大雪、冻雨形成的覆冰厚厚地裹在高压输电线和铁塔上面,一些受压构件首先发生失稳弯曲,引起铁塔倒塌,供电线路遭到严重破坏,造成了重大损失。

因此,在设计压杆时,除了强度外,还应考虑其稳定性。若能计算压杆的临界力,使其在小于临界力的轴向压力下工作,就可以避免发生失稳现象。因此,对于压杆稳定性设计,首先需确定其临界力。

7.2 压杆稳定的相关计算

7.2.1 细长压杆的临界力计算

压杆的临界力与其支撑情况有关,表 7-1 给出了四种理想约束下的压杆临

微视频
压杆稳定
的 相 关
计算

界力的计算公式。

表 7-1　不同约束条件下压杆的临界力

杆端约束情况	两端铰支	两端固定	一端固定,一端铰支	一端固定,一端自由
挠曲线形状				
临界力	$F_{\mathrm{cr}}=\dfrac{\pi^2 EI}{l^2}$	$F_{\mathrm{cr}}=\dfrac{\pi^2 EI}{(0.5l)^2}$	$F_{\mathrm{cr}}=\dfrac{\pi^2 EI}{(0.7l)^2}$	$F_{\mathrm{cr}}=\dfrac{\pi^2 EI}{(2l)^2}$
长度系数 μ	1	0.5	0.7	2

比较上述四种理想约束情况下的临界力公式,可见其表达式基本相似,只是长度 l 前的系数不同,因此可将不同约束杆件的临界力统一表达为:

$$F_{\mathrm{cr}}=\frac{\pi^2 EI}{(\mu l)^2} \tag{7-1}$$

式(7-1)中, I 是杆横截面对中性轴的惯性矩; EI 是杆的抗弯刚度; μ 是与杆端约束有关的系数,称为长度系数, μl 称为相当长度。式(7-1)称为细长压杆临界力的欧拉公式。

【例 7-1】　如图 7-2 所示的压杆,材料为 Q235,杨氏模量 $E=200$ GPa, $l=1$ m,杆件截面面积 $S=4.0\times10^3$ mm^2,当截面分别为圆形和矩形($h=2b$)时,求两者的临界力。

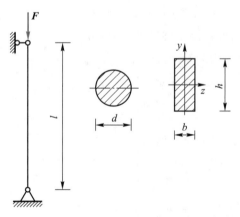

图 7-2　【例 7-1】附图

解:(1)由杆件截面面积 $S = 4.0 \times 10^3$ mm², 可以算出圆形截面:$d = 71.38$mm

$$F_{cr} = \frac{\pi^2 EI}{(\mu l)^2} = \frac{3.14^2 \times 200 \times 10^3 \frac{3.14}{64} \times 71.38^4}{(5 \times 10^3)^2} \text{ N} = 99 \times 10^3 \text{ N}$$

(2)由杆件截面面积 $S = 4.0 \times 10^3$ mm², $h = 2b$, 可以算出矩形截面:$b = 44.72$ mm, 矩形绕 x 轴、y 轴惯性矩大小不一样, 截面会绕惯性矩小的轴旋转弯曲。故:

$$F_{cr} = \frac{\pi^2 EI_{min}}{(\mu l)^2} = \frac{3.14^2 \times 200 \times 10^3 \text{ MPa} \times \frac{1}{12} \times 2 \times 44.72 \times 44.72^3 \text{ mm}^4}{(5 \times 10^3)^2 \text{ mm}^2} = 52\text{kN}$$

上述计算结果表明:圆截面压杆的稳定性远大于矩形截面压杆。

矩形截面压杆稳定性之所以差, 是因为 $I_x > I_y$, 横截面绕 y 轴旋转而失稳。因此, 在截面面积相等的前提下, 令 $I_x \approx I_y$, 可提高压杆的稳定性。当压杆的截面为正方形时, 计算如下:

(3)由杆件截面面积 $S = 4.0 \times 10^3$ mm², 可以算出正方形截面:$a = 63.24$mm

$$F_{cr} = \frac{\pi^2 EI}{(\mu l)^2} = \frac{3.14^2 \times 200 \times 10^3 \text{ MPa} \times \frac{1}{12} \times 63.24^4 \text{ mm}^4}{(5 \times 10^3)^2 \text{ mm}^2} = 104\text{kN}$$

上述结果表明:正方形截面压杆远好于矩形截面压杆, 比圆截面压杆略好, 两者相差不多。

由欧拉公式可见:截面的惯性矩越大, 临界力越大。由此可以推断, 在截面面积相同的情况下, 截面分布越远离中心轴, 其压杆稳定性越好, 等面积的空心压杆比实心压杆稳定性要好得多。

7.2.2 非细长压杆的临界应力计算

1. 临界应力

$$R = \frac{F_{cr}}{S} = \frac{\pi^2 EI}{(\mu l)^2 \times S} = \frac{\pi^2 E}{(\mu l)^2} \times \frac{I}{S} \qquad (7-2)$$

引入惯性半径 i:

$$i = \frac{I}{S} \qquad (7-3)$$

$$R = \frac{\pi^2 E}{(\mu l)^2} i^2 = \frac{\pi^2 E}{\left(\frac{\mu l}{i}\right)^2} \qquad (7-4)$$

令:

$$\lambda = \frac{\mu l}{i} \qquad (7-5)$$

则临界应力为:

$$R_{cr} = \frac{\pi^2 E}{\lambda^2} \qquad (7-6)$$

式(7-6)是以应力形式表达的欧拉公式,其中 λ 称为柔度(或称长细比)。λ 在压杆稳定性计算中是一个很重要的量值,与压杆两端的约束情况、截面形状尺寸和杆长有关,是压杆抵抗失稳能力的特征值。

2. 欧拉公式适用范围

欧拉公式是在杆件微弯的弹性状态下推导出来的,故临界应力不能超过材料的比例极限 R_p。即欧拉公式适用条件为:

$$R_{cr} = \frac{\pi^2 E}{\lambda^2} \leqslant R_p \qquad (7-7)$$

令:

$$\lambda_p = \sqrt{\frac{\pi^2 E}{R_p}} \qquad (7-8)$$

则式(7-7)可写为:

$$\lambda \geqslant \lambda_p \qquad (7-9)$$

满足(7-9)式的压杆,可采用欧拉公式计算临界力或临界应力,这样的杆称为大柔度杆或细长压杆。

由式(7-8)可见,λ_p 与材料的力学性质有关,材料不同,λ_p 也就不一样。例如 Q235 钢,$E = 200\text{GPa}$,$R_p = 200\text{MPa}$,由式可计算出 $\lambda_p = 100$。λ_p 取值见表7-2。

3. 非细长压杆临界力的计算公式

对于 $\lambda < \lambda_p$ 的压杆,其失稳时的临界应力 R_{cr} 大于比例极限 R_p,这类压杆称为中长杆。其临界力和临界应力均不能采用欧拉公式。工程上一般采用以试验结果为依据的经验公式,比较常见的直线公式为:

$$R_{cr} = a - b\lambda \qquad (7-10)$$

式中 a、b 为与材料有关的常数,由试验确定,其取值见表7-2。

表7-2 几种常见材料的 a、b 和 λ_p、λ_s 值

材料	a/MPa	b/MPa	λ_p	λ_s
普通碳素钢	304	1.12	100	60
优质碳素钢	461	2.586	90	60
硅钢	578	3.744	86	60
铸铁	332	1.454	80	—
松木	28.7	0.19	105	—

4. 临界应力总图

综上所述,如采用直线经验公式,临界力或临界应力的计算可按柔度分为三类:

（1）$\lambda \geqslant \lambda_p$ 为细长杆，用欧拉公式计算临界应力；

（2）$\lambda_s < \lambda < \lambda_p$ 为中长杆，用直线公式计算临界应力；

（3）$\lambda < \lambda_s$ 为短粗杆，无失稳问题，破坏是因强度不够而引起的，用屈服极限或强度极限作为临界应力。

由于不同柔度的压杆，其临界应力的公式不相同。因此，在压杆的稳定性计算中，应首先计算其柔度值 λ，再按照上述分类选择合适的公式计算其临界应力或临界力。

为了清楚地表明各类压杆的临界应力 R_{cr} 与柔度 λ 之间的关系，可绘制临界应力总图，如图 7-3 所示。

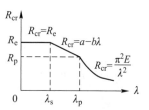

图 7-3　临界应力总图

【例 7-2】　一松木压杆，两端铰支，长 3m，已知压杆比例极限是 $R_p = 9\text{MPa}$，$E = 10^4 \text{MPa}$，压杆截面如下：

（1）$h = 120\text{mm}$，$b = 90\text{mm}$ 的矩形；（2）$h = b = 104\text{mm}$ 的正方形，试计算二者的临界荷载。

解：（1）矩形截面，压杆两端为铰支，$\mu = 1$，压杆的最小惯性半径为：

$$i_{\min} = \sqrt{\frac{I_{\min}}{S}} = \sqrt{\frac{\frac{bh^3}{12}}{bh}} = \frac{b}{\sqrt{12}} = \frac{90\text{mm}}{\sqrt{12}} = 26\text{mm}$$

压杆的柔度为：

$$\lambda = \frac{\mu l}{i} = \frac{1 \times 3 \times 10^3}{26} = 115.4$$

由表 7-2 可得：

$$\lambda_p = 105$$

可见 $\lambda \geqslant \lambda_p$，为细长杆。临界荷载用欧拉公式计算，得：

$$F_{cr} = \frac{\pi^2 EI}{(\mu l)^2} = \frac{\pi^2 \times 10^4 \text{MPa} \times \frac{1}{12} \times 120 \times 90^3 \text{mm}^4}{(1 \times 3 \times 10^3 \text{mm})^2} = 79900\text{N} = 79.9\text{kN}$$

（2）正方形截面，$\mu = 1$，截面的惯性半径为：

$$i = \sqrt{\frac{I}{A}} = \sqrt{\frac{\frac{a^4}{12}}{a^2}} = \frac{a}{\sqrt{12}} = \frac{104\text{mm}}{\sqrt{12}} = 30.0\text{mm}$$

压杆的柔度为：

$$\lambda = \frac{\mu l}{i} = \frac{1 \times 3 \times 10^3}{30} = 100$$

可见 $\lambda<\lambda_p$ 为中长杆。用直线公式计算其临界应力,查表 7-2,公式中 $a=28.7\mathrm{MPa}$,$b=0.19\mathrm{MPa}$。

$$R_{\mathrm{cr}}=a-b\lambda=28.7\mathrm{MPa}-0.19\mathrm{Mpa}\times100=9.7\mathrm{MPa}$$

$$F_{\mathrm{cr}}=R_{\mathrm{cr}}\times S=104.9\mathrm{kN}$$

7.2.3　压杆的稳定性计算

为了压杆能正常工作,压杆所受的轴向压力要小于临界力 F_{cr},即压杆的压应力 R 要小于临界应力 R_{cr}。对工程中的压杆,由于存在各种不利因素,故需有一定的安全储备,可引入稳定安全系数 n_{st}。因此,压杆的稳定条件为:

$$F\leqslant\frac{F_{\mathrm{cr}}}{n_{\mathrm{st}}}=[F_{\mathrm{st}}] \tag{7-11}$$

或:

$$R\leqslant\frac{R_{\mathrm{cr}}}{n_{\mathrm{st}}}=[R_{\mathrm{st}}] \tag{7-12}$$

式中 $[F_{\mathrm{st}}]$、$[R_{\mathrm{st}}]$ 称许用稳定荷载、许用稳定应力。稳定安全系数 n_{st} 是大于 1 的量值,选取时通常要考虑除强度安全系数时的各种因素外,还需要考虑影响压杆失稳的不利因素,如压杆不可避免地存在初曲率、材料不均匀和荷载偏心等。

根据稳定条件式(7-11)和式(7-12),可以对压杆进行稳定性计算。压杆稳定性计算的内容与强度计算相似,包括校核稳定性、设计截面和求许用荷载三个方面。压杆稳定性计算通常有以下两种方法。

1. 安全系数法

压杆所受到的轴向压力、压杆的临界力应满足下述条件:

$$n=\frac{F_{\mathrm{cr}}}{F}\geqslant n_{\mathrm{st}} \tag{7-13}$$

此式表明:只有当压杆工作的安全系数不小于给定的稳定安全系数时,压杆才能正常工作。

2. 折减系数法

将式(7-12)中的稳定许用应力表示为 $[R_{\mathrm{st}}]=\varphi[R]$。其中 $[R]$ 为许用强度,φ 称为稳定系数或折减系数。因此,式(7-12)所示的稳定条件成如下形式:

$$R=\frac{R}{S}\leqslant\varphi[R] \tag{7-14}$$

φ 可以通过表格 7-3 查取。

表 7-3 常见材料的折减系数 φ 值

柔度 λ	低碳钢 (Q235)	低合金钢 (Q345)	铸铁	柔度 λ	低碳钢 (Q235)	低合金钢 (Q345)	铸铁
0	1.000	1.000	1.000	110	0.536	0.384	—
10	0.995	0.993	0.970	120	0.466	0.325	—
20	0.981	0.973	0.910	130	0.401	0.279	—
30	0.958	0.940	0.810	140	0.349	0.242	—
40	0.927	0.895	0.690	150	0.306	0.213	—
50	0.888	0.840	0.570	160	0.272	0.188	—
60	0.842	0.776	0.440	170	0.243	0.168	—
70	0.789	0.705	0.340	180	0.218	0.151	—
80	0.731	0.627	0.260	190	0.197	0.136	—
90	0.669	0.546	0.200	200	0.180	0.124	—
100	0.604	0.462	0.160	—	—	—	—

7.3 提高压杆稳定性的措施

提高压杆的稳定性,需要提高压杆的临界应力,从压杆的临界应力的计算公式分析,可采取如下措施:

1. 加强杆端约束

压杆两端约束越强,μ 值越小,计算长度 μl 越小,λ 越小,其临界应力就越大。故加强杆端约束,能有效提高压杆的临界力。

2. 减小杆件长度

杆长 l 越小,λ 越小,临界力就越大。工程中,压杆要尽量避免设计成细长杆。如图 7-4 所示两端铰支的细长压杆,若在中点增加一个支承,则其计算长度为原来的一半,但临界应力却是原来的四倍。

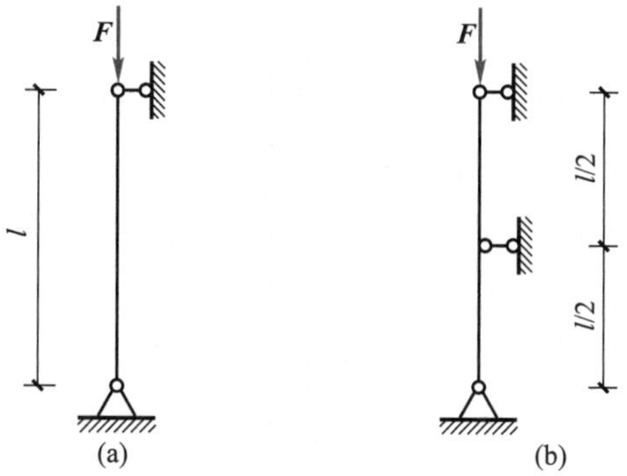

图 7-4 减小杆件长度的措施

165

3. 合理选择材料

大柔度杆的临界应力与材料的弹性模量成正比,所以选择弹性模量高的材料可提高大柔度杆的临界力。对于钢材而言,各种钢的弹性模量大致相同,因此选用高强度钢对提高大柔度杆的临界力是没有意义的。但对于中长杆,其临界应力与材料的强度有关,强度越高,其临界应力也越高。所以,对中长杆而言,选用优质钢材将有助于提高压杆的稳定性。

4. 选择合理截面形式

增大截面的惯性矩 I,可以增大截面的惯性半径 i,降低压杆柔度 λ,从而提高压杆的稳定性。在压杆的横截面面积相同的条件下,应尽可能使材料远离截面形心轴,以取得较大的惯性矩 I 和惯性半径 i。如图 7-5 所示的两种型钢的组合截面中,图 a 的稳定性不如图 b。

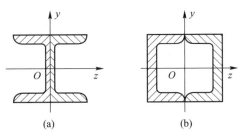

(a)　　　　　　(b)

图 7-5　型钢的组合截面

7.4　案例分析

将一张纸竖立在桌上,如图 7-6a 所示,自重就使其弯曲而无法竖立;如果把纸折成一个直角,如图 7-6b 所示,自重就不会使其弯曲,纸可以竖立在桌子上;如果将纸卷成圆筒状,如图 7-6c 所示,即使在其顶端放个练习本也不会使其弯曲。试着动手做一做,并对上述现象进行力学分析并说明原因。

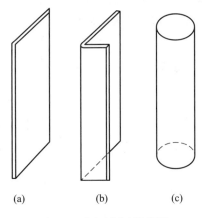

(a)　　　　(b)　　　　(c)

图 7-6　【案例分析】附图

思考题

1. 细长杆件临界压力的大小与哪些因素有关？

2. 两端为铰支的压杆，当横截面如图 7-7 所示为各种不同形状时，试问压杆会在哪个平面内失稳（即失稳时绕着哪一根形心轴转动）？

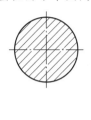

图 7-7　思考题 2 附图

3. 判断题：

（1）压杆失稳的主要原因是由于外界干扰力的影响。（　　）

（2）同种材料制成的压杆，其柔度越大越容易失稳。（　　）

（3）两根材料、长度、横截面面积和约束都相同的压杆，其临界力也必定相同。（　　）

（4）细长压杆的长度加倍，其他条件不变，则临界力变为原来的 1/4；长度减半，则临界力变为原来的 4 倍。（　　）

（5）细长压杆，若其长度系数增加一倍，P_{cr} 增加到原来的 4 倍。（　　）

4. 填空题：

（1）当轴向压力 $P \geqslant$ 临界力 P_{cr} 时，受压杆不能保持原有直线形式的平衡，这种现象称_____。

（2）压杆直线形式的平衡是否稳定，取决于_____的大小。

（3）压杆由稳定平衡转化为不稳定平衡时所受轴向压力的界限值称为_____。

（4）长度系数 μ 反映了压杆杆端的_____情况。

（5）欧拉公式用来计算压杆的临界力，它只适用于_____。

习题

1. 如图 7-8 所示两端球形铰支细长压杆,弹性模量 $E = 200\text{Gpa}$。试用欧拉公式计算其临界荷载。

（1）圆形截面,$d = 30\text{mm}$,$l = 1.2\text{m}$；

（2）矩形截面,$h = 2b = 50\text{mm}$,$l = 1.2\text{m}$；

（3）14 工字钢,$l = 1.9\text{m}$。

2. 如图 7-9 所示为支撑情况不同的两个细长杆,两个杆的长度和材料相同,为使两个压杆的临界力相等,b_2 与 b_1 之比应为多少?

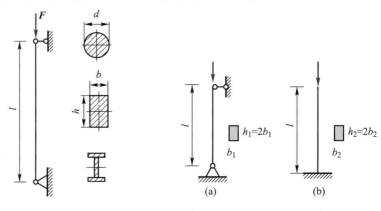

图 7-8　习题 1 附图　　　　　　　图 7-9　习题 2 附图

3. 如图 7-10 所示各杆的材料和截面均相同,试问杆能承受的压力哪根最大,哪根最小(图 f 所示杆在中间支承处不能转动)?

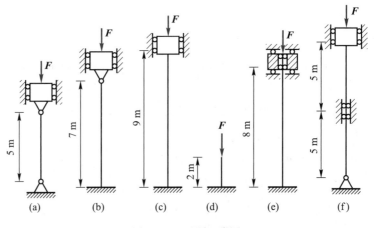

图 7-10　习题 3 附图

4. 如图 7-11 所示矩形截面压杆,有三种支持方式,杆长 $l = 300\text{mm}$,截面宽

度 $b = 20\text{mm}$，高度 $h = 12\text{mm}$，杨氏模量 $E = 200\text{GPa}$，$\lambda_p = 50$，$\lambda_s = 0$，中柔度杆的临界应力公式为：$R_{cr} = 382 - 2.18\lambda$，试计算它们的临界载荷，并进行比较。

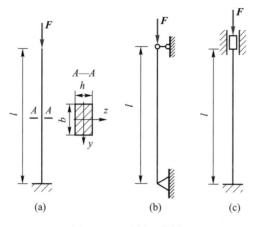

图 7-11 习题 4 附图

第 8 章

材料力学专题

学习目标

掌握平面图形形心、静矩、惯性矩、惯性半径的计算方法。

单元概述

平面图形的几何性质包括形心、静矩、惯性矩、惯性半径、极惯性矩、惯性积等几何量,本章主要介绍这些几何量的计算方法。

材料力学的研究对象为杆件,杆件的横截面是具有一定几何形状的平面图形。不同受力形式下杆件的应力和变形,不仅取决于外力的大小以及杆件的尺寸,还与杆件截面的几何性质有关。当研究杆件的应力、变形,以及研究失效问题时,都要涉及与截面形状和尺寸有关的几何量。这些几何量包括:形心、静矩、惯性矩、惯性半径、极惯性短、惯性积、主轴等,统称为"平面图形的几何性质"。

8.1 形心与静矩

微视频
形心与静矩

物体所受的重力的方向铅垂向下,其作用点即为物体的重心。无论物体怎样放置,重心相对于物体的位置总是固定不变的。若物体是均质的,其重心的位置完全取决于物体的几何形状和尺寸、与质量无关,因此均质物体的重心即为其形心。

$$x_c = \frac{\sum \Delta V_i x_i}{V} \qquad y_c = \frac{\sum \Delta V_i y_i}{V} \qquad z_c = \frac{\sum \Delta V_i z_i}{V} \tag{8-1}$$

若物体为等厚均质的平薄板,则平面图形的形心为:

$$x_c = \frac{\sum \Delta S_i x_i}{S} \qquad y_c = \frac{\sum \Delta S_i y_i}{S} \tag{8-2}$$

对于任意平面几何图形如图 8-1 所示,可在其上取面积微元 dS,该微元在 Oxy 坐标系中的坐标为 x、y。定义下列积分:

$$S_x = \int_S y dS \qquad S_Y = \int_S x dS \tag{8-3}$$

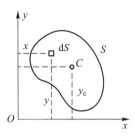

图 8-1 形心与静矩

分别称其为图形对于 x 轴和 y 轴截面的一次矩或静矩,其单位为 m^3。

设 x_c、y_c 为形心坐标,则根据合力之矩定理

$$\left.\begin{array}{r} S_x = S y_c \\ S_y = S x_c \end{array}\right\} \tag{8-4}$$

或

$$\left.\begin{array}{l} x_c = \dfrac{S_y}{S} = \dfrac{\int_S x dS}{S} \\[3mm] y_c = \dfrac{S_x}{S} = \dfrac{\int_S y dS}{S} \end{array}\right\} \tag{8-5}$$

这就是图形形心坐标与静矩之间的关系,根据上述定义可以看出:

(1) 静矩与坐标轴有关,同一平面图形对于不同的坐标轴有不同的静矩。对于某些坐标轴,静矩可能为正,也可能为负;对于通过形心的坐标轴,图形对其静矩等于零。

(2) 如果已经计算出静矩,就可以确定形心的位置;反之,如果已知形心位置,则可计算图形的静矩。

实际计算中,对于简单的、规则的图形,其形心位置可以直接判断,例如矩形、正方形、圆形和正三角形等的形心位置是显而易见的。对于组合图形,可先将其分解为若干个简单图形(可以直接确定形心位置的图形),然后由式(8-4)分别计算它们对于给定坐标轴的静矩,并求其代数和;再利用式(8-5),即可得组合图形的形心坐标。即:

$$\left.\begin{array}{l} S_x = S_1 y_{c1} + S_2 y_{c2} + \cdots + S_n y_{cn} = \displaystyle\sum_{i=1}^{n} S_i y_{ci} \\[3mm] S_y = S_1 x_{c1} + S_2 x_{c2} + \cdots + S_n x_{cn} = \displaystyle\sum_{i=1}^{n} S_i x_{ci} \end{array}\right\} \tag{8-6}$$

$$x_c = \frac{S_y}{S} = \frac{\sum\limits_{i=1}^{n} S_i x_{ci}}{\sum\limits_{i=1}^{n} S_i}$$

$$y_c = \frac{S_x}{S} = \frac{\sum\limits_{i=1}^{n} S_i y_{ci}}{\sum\limits_{i=1}^{n} S_i}$$

(8-7)

平面图形的静矩是对某一坐标轴而言的,同一平面图形针对不同的坐标轴,其静矩也各不相同。因此静矩的数值可能为正,可能为负,也可能为零,静矩的量纲为长度的三次方。

若 $y_c = 0$ 或 $x_c = 0$,则 $S_x = 0$ 或 $S_y = 0$;平面图形对某一轴的静矩等于零,则该轴必然通过平面图形的形心,通过平面图形形心的坐标轴称为形心轴。

【例 8-1】　试求 Z 形截面重心的位置,其尺寸如图 8-2 所示。

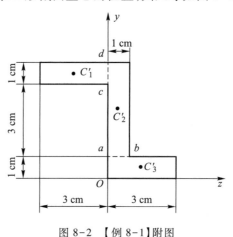

图 8-2　【例 8-1】附图

解:取坐标轴如图 8-2 所示,将该图形分割为三个矩形。以 C_1、C_2、C_3 表示这些矩形的重心,而以 S_1、S_2、S_3 表示它们的面积;以 x_1、y_1,x_2、y_2,x_3、y_3 分别表示 C_1、C_2、C_3 的坐标。由图得:

$$x_1 = -1.5\text{cm}, \quad y_1 = 4.5\text{cm}, \quad S_1 = 3\text{cm}^2$$

$$x_2 = 0.5\text{cm}, \quad y_2 = 3.0\text{cm}, \quad S_2 = 4\text{cm}^2$$

$$x_3 = 1.5\text{cm}, \quad y_3 = 0.5\text{cm}, \quad S_3 = 3\text{cm}^2$$

按公式求得该截面重心的坐标 x_c、y_c 为:

$$x_c = \frac{x_1 S_1 + x_2 S_2 + x_3 S_3}{S_1 + S_2 + S_3} = 0.2\text{cm}$$

$$y_c = \frac{y_1 S_1 + y_2 S_2 + y_3 S_3}{S_1 + S_2 + S_3} = 2.7\text{cm}$$

微视频

惯 性 矩 与
平 行 移 轴
定 理

8.2 惯性矩与平行移轴定理

8.2.1 惯性矩

如图 8-1 中的任意图形,按给定的 Oxy 坐标,定义下列积分:

$$I_x = \int_S y^2 \mathrm{d}S \qquad (8-8)$$

$$I_y = \int_S x^2 \mathrm{d}S \qquad (8-9)$$

分别为图形对于 x 轴和 y 轴的截面二次轴矩或惯性矩。

定义积分:

$$I_p = \int_S \rho^2 \mathrm{d}S \qquad (8-10)$$

为图形对于点 O 的截面二次极矩或极惯性矩。

定义积分:

$$I_{xy} = \int_S xy\mathrm{d}S \qquad (8-11)$$

为图形对于通过点 O 的一对坐标轴 x、y 的惯性积。

定义:

$$i_x = \sqrt{\frac{I_x}{S}}, i_y = \sqrt{\frac{I_y}{S}}$$

分别为图形对于 x 轴和 y 轴的惯性半径。

根据上述定义可知:

(1)惯性矩和极惯性矩恒为正;而惯性积则由于坐标轴位置的不同,可能为正,也可能为负。三者的单位均为 m^4 或 mm^4。

(2)因为 $r^2 = y^2 + x^2$,所以由上述定可得: $I_p = I_x + I_y$ $\qquad (8-12)$

以高为 h、宽为 b 的矩形为例,如图 8-3 所示,z 轴通过形心且平行于底边,y 轴过形心垂直于 z 轴,根据定义:

$$I_z = \int_S y^2 \mathrm{d}S$$

取平行于 z 轴的微面积 $\mathrm{d}A = b\mathrm{d}y$,则:

$$I_z = \int_S y^2 \mathrm{d}S = \int_{-\frac{h}{2}}^{\frac{h}{2}} y^2 b\mathrm{d}y = \frac{bh^3}{12}$$

同理可得对 y 轴的惯性矩和抗弯截面系数为:

$$I_y = hb^3/12$$

173

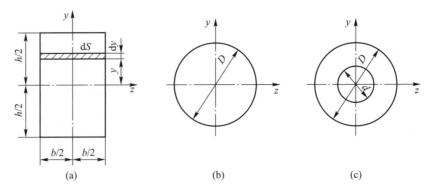

图 8-3　惯性矩的计算

圆形截面和圆环形截面对任一圆心轴是对称的,因此对任一过圆心轴的惯性矩都相等,分别为 $I_z = \pi d^4/64$ 和 $I_z = \pi(D^4 - d^4)/64$

圆形及圆环截面的极惯性矩分别为:

$$I_p = \frac{\pi d^4}{32} \qquad I_p = \frac{\pi D^4}{32}(1 - \alpha^4) \qquad \alpha = \frac{d}{D}$$

应用上述积分,可以计算其他各种简单图形对于给定坐标轴的惯性矩。

8.2.2　平行移轴定理

对于由简单几何图形组成的图形,为避免复杂数学运算,一般都不采用积分的方法计算它们的惯性矩,而是利用简单图形的惯性矩计算结果以及图形对于平行轴惯性矩之间的关系,由求和的方法求得。

如图 8-4 中所示的任意图形,在坐标系 Oxy 系中,对于 x、y 轴的惯性矩和惯性积为:

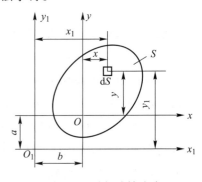

$$I_x = \int_S y^2 dS \qquad I_y = \int_S x^2 dS \qquad I_{xy} = \int_S xy dS$$

另有一坐标系 Ox_1y_1,其中 x_1 和 y_1 分别平行于 x 和 y 轴,且二者之间的距离分别为 a 和 b。

图 8-4　平行移轴公式

所谓移轴定理是指图形对于互相平行轴的惯性矩、惯性积之间的关系。即通过已知一对坐标轴的惯性矩、惯性积,求图形对另一对坐标轴的惯性矩与惯性积。下面推证二者间的关系:

根据平行轴的坐标变换:

$$x_1 = x + b \qquad y_1 = y + a$$

将其代入下列积分:

$$I_{x1} = \int_S y_1^2 \mathrm{d}S \quad I_{y1} = \int_S x_1^2 \mathrm{d}S \quad I_{x1y1} = \int_S x_1 y_1 \mathrm{d}S$$

得：$\quad I_{x1} = \int_S (y+a)^2 \mathrm{d}S \quad I_{y1} = \int_S (x+b)^2 \mathrm{d}S \quad I_{x1y1} = \int_S (y+a)(x+b)\mathrm{d}S$

展开后,并利用式(8-4)、(8-5)中的定义,得：

$$\left.\begin{aligned}
I_{x1} &= I_x + 2aS_x + a^2 S \\
I_{y1} &= I_y + 2bS_y + b^2 S \\
I_{x1y1} &= \int_A I_{xy} + aS_y + bS_x + abS
\end{aligned}\right\} \tag{8-13}$$

如果 x、y 轴通过图形形心,则上述各式中的 $S_x = S_y = 0$,于是得：

$$\left.\begin{aligned}
I_{x1} &= I_x + a^2 S \\
I_{y1} &= I_y + b^2 S \\
I_{x1y1} &= I_{xy} + abS
\end{aligned}\right\} \tag{8-14}$$

此即关于图形对于平行轴惯性矩与惯性积之间关系的移轴定理。其中,式(8-14)表明：

(1) 图形对任意轴的惯性矩,等于图形对于与该轴平行的形心轴的惯性矩,加上图形面积与两平行轴间距离平方的乘积。

(2) 图形对于任意一对直角坐标轴的惯性积,等于图形对于平行于该坐标轴的一对通过形心的直角坐标轴的惯性积,加上图形面积与两对平行轴间距离的乘积。

(3) 因为面积及 a^2、b^2 项恒为正,故自形心轴移至与之平行的任意轴,惯性矩总是增加的。

a、b 为原坐标系原点在新坐标系中的坐标,故二者同号时 abA 为正,异号时为负。所以,移轴后惯性积有可能增加也可能减少。

【例8-2】　试求下面 T 形截面对形心轴 z 轴的惯性矩 I_z。

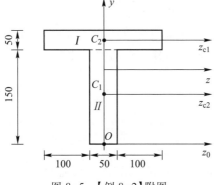

图 8-5　【例8-2】附图

175

解：（1）求出截面形心，确定形心轴的位置

取 Oz_0y 为参考坐标系，如图。把 T 形划分称上下两个矩形 I、II。其中 c_1（0，175）、c_2（0，75）因 S_1、S_2 的形心都在 y 轴上，则 y 轴是 S_1、S_2 的共同形心轴，则：

$$z_c = 0$$

$$y_c = \frac{S_1 \times y_{c1} + S_2 \times y_{c2}}{S_1 + S_2} = 137.5$$

画出形心轴 y、z，如图 8-5 所示。

（2）求 I_z

$$I_z = I_{z1} + I_{z2} = (I_{zc1} + a_1^2 S_1) + (I_{zc2} + a_2^2 S_2) = 6.354 \times 10^7 \text{mm}^4$$

思考题

1. 物体的重心是否一定在几何形体之内？为什么？请举例说明。

2. 平面图形对某轴的静矩为零，该轴是否通过截面的形心？

3. 矩形截面梁的高宽比是 2，当梁竖放和水平放置时，其惯性矩之比是多少？弯曲截面系数之比是多少？

4. 同种材料制成实心圆和空心圆截面，截面外径相同，哪一种承载能力强？截面积相同，哪个承载能力强？

5. 判断题：

（1）均质物体的几何中心就是重心。（　　　）

（2）一均质等厚度等腰三角板的形心必然在它的垂直于底边的中心线上。（　　　）

（3）质量分布不均匀，但在外形上有一对称轴存在，这样它的重心就自然落在了对称轴上。（　　　）

（4）图形对某一轴的静矩为零，则该轴必定通过图形的形心。（　　　）

（5）有一定面积的图形对任一轴的轴惯性矩必不为零。（　　　）

习题

1. 工字钢截面尺寸如图 8-6 所示，求此截面的几何中心。

2. 如图 8-7 所示，求矩形图形对形心轴的惯性矩。

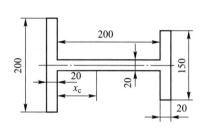

图 8-6　习题 1 附图

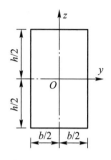

图 8-7　习题 2 附图

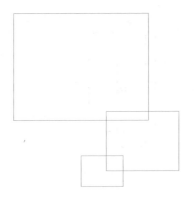

参 考 文 献

［1］哈尔滨工业大学理论力学教研室.理论力学：I［M］.8 版.北京：高等教育出版社,2016.

［2］刘鸿文.材料力学：I［M］.6 版.北京：高等教育出版社,2017.

［3］单辉祖.材料力学：I［M］.4 版.北京：高等教育出版社,2016.

［4］范钦珊.工程力学［M］.2 版.北京：清华大学出版社,2012.

［5］景荣春.工程力学简明教程［M］.北京：清华大学出版社,2007.

［6］陈在铁.机械工程力学［M］.2 版.北京：高等教育出版社,2020.

［7］陈立德,姜小菁.机械设计基础：含工程力学［M］.2 版.北京：高等教育出版社,2017.

［8］李海萍.机械设计基础［M］.2 版.北京：机械工业出版社,2016.

［9］江苏省力学学会教育科普工作委员会.基础力学竞赛与考研试题精解［M］.江苏：中国矿业大学出版社,2015.